AF414956

Después de sufrir un atentado en contra de su ejemplar e intachable carrera profesional, el Ingeniero Israel Laisequilla nos ofrece en esta obra una guía detallada y claramente redactada que nos permite adentrarnos en el mundo de la industria, de la manera tan peculiar como solo el llamado "ingeniero más polémico" logra hacerlo.

INSTRUCCIONES

La información aquí presentada considera el acceso y/o disponibilidad de la información y tecnologías actuales. En caso de requerir más información, formatos y/o ejemplos, su consulta, podría aumentar su confiabilidad gracias a los criterios desarrollados con la obra. Cualquier información adicional, fórmulas y/o videos pueden ser requeridos con el asistente artificial de su preferencia.

todo sobre
Manufactura Industrial

TALLER DEL INGE

I. LAISEQUILLA

Publishing
house
IL
Editorial

A mi familia

todo sobre Manufactura Industrial

todo sobre Manufactura Industrial

CONTENIDO

AGRADECIMIENTOS

En este viaje por el vasto mundo de la manufactura industrial, no puedo comenzar sin expresar mi sincero agradecimiento a todos aquellos que han contribuido a hacer realidad este libro. En primer lugar, debo rendir homenaje a mi familia, cuyo apoyo inquebrantable ha sido la fuente constante de inspiración en este arduo trayecto. A mis padres, por su aliento incansable y su fe inquebrantable en mí; a mi cónyuge, por su paciencia infinita y su comprensión durante las largas horas de investigación y redacción; y a mis hijos, cuya sonrisa siempre ilumina mis días más oscuros.

Un profundo agradecimiento también se dirige a mi editor, cuya visión y dedicación han dado forma a este proyecto desde sus primeras etapas hasta su realización. Sus consejos expertos y su compromiso incansable con la excelencia han elevado este libro a nuevos niveles, y por eso estaré eternamente agradecido.

Y finalmente, pero no menos importante, debo agradecer a usted, querido lector. Sin su interés y su confianza en estas páginas, este libro no tendría razón de ser. Es mi más sincero deseo que encuentre en estas palabras tanto conocimiento como inspiración, y que juntos podamos explorar las profundidades y los matices de la manufactura industrial.

Gracias a todos por su apoyo continuo y por ser parte de este emocionante viaje.

Con gratitud eterna,

Taller del inge

INTRODUCCIÓN A LA INGENIERÍA EN MANUFACTURA

La Ingeniería en Manufactura es una disciplina que se encarga de diseñar, desarrollar, implementar y mejorar los procesos de producción de bienes y productos. Su objetivo principal es optimizar la eficiencia, calidad y rentabilidad en la fabricación de productos, utilizando diferentes tecnologías, métodos y herramientas. La ingeniería en manufactura abarca una amplia gama de industrias, desde la automotriz hasta la farmacéutica, y desempeña un papel crucial en la economía global.

Historia de la Ingeniería en Manufactura

La historia de la ingeniería en manufactura se remonta a los albores de la civilización, cuando los seres humanos comenzaron a fabricar herramientas y utensilios utilizando técnicas rudimentarias. Con el paso del tiempo, estas técnicas evolucionaron, dando lugar a procesos más sofisticados y eficientes. Uno de los hitos más importantes en la historia de la manufactura fue la Revolución Industrial, que marcó el inicio de la producción en masa y el uso de maquinaria impulsada por vapor.

Principios Básicos de la Ingeniería en Manufactura

La ingeniería en manufactura se basa en una serie de principios fundamentales que guían el diseño y la implementación de procesos de producción. Algunos de estos principios incluyen:

Eficiencia

La eficiencia es un aspecto clave en la ingeniería en manufactura, ya que busca maximizar la producción utilizando la menor cantidad de recursos posible. Esto implica optimizar el uso de materiales, energía y mano de obra, así como minimizar los tiempos de ciclo y los desperdicios.

Calidad

La calidad es otro principio fundamental en la ingeniería en manufactura, ya que afecta directamente la satisfacción del cliente y la reputación de la empresa. Para garantizar la calidad de los productos, se deben implementar sistemas de control de calidad y realizar pruebas exhaustivas durante todo el proceso de producción.

Innovación

La innovación juega un papel crucial en la ingeniería en manufactura, ya que impulsa el desarrollo de nuevos procesos, materiales y tecnologías. Esto permite a las empresas mantenerse competitivas en un mercado en constante cambio y satisfacer las demandas cambiantes de los clientes.

Tecnologías en la Ingeniería en Manufactura

La ingeniería en manufactura se vale de una amplia gama de tecnologías para llevar a cabo sus procesos de producción. Algunas de las tecnologías más comunes incluyen:

Fabricación aditiva

La fabricación aditiva, también conocida como impresión 3D, es una tecnología que permite crear objetos tridimensionales mediante la superposición de capas sucesivas de material. Esta tecnología ofrece ventajas como la personalización de productos, la reducción de tiempos de producción y la optimización del uso de materiales.

Control numérico computarizado (CNC)

El control numérico computarizado es un sistema que utiliza computadoras para controlar máquinas herramienta, como tornos y fresadoras. Esto permite una mayor precisión y repetibilidad en los procesos de mecanizado, así como la automatización de tareas repetitivas.

Robótica industrial

La robótica industrial se encarga de diseñar, construir y programar robots para realizar tareas de fabricación en entornos industriales. Estos robots pueden realizar una amplia variedad de tareas, desde el ensamblaje de productos hasta el manejo de materiales pesados, lo que aumenta la eficiencia y la seguridad en la planta de producción.

Desafíos y Tendencias en la Ingeniería en Manufactura

A pesar de los avances tecnológicos, la ingeniería en manufactura enfrenta una serie de desafíos y tendencias que están dando forma al futuro de la industria. Algunos de estos desafíos incluyen:

Globalización

La globalización ha llevado a una mayor competencia en el mercado global, lo que ha obligado a las empresas a buscar formas de reducir costos y mejorar la eficiencia en la producción. Esto ha llevado a un aumento en la subcontratación y la deslocalización de la producción, así como a la adopción de tecnologías avanzadas para mantenerse competitivas.

Sostenibilidad

La sostenibilidad es un tema cada vez más importante en la industria manufacturera, ya que las empresas buscan reducir su impacto en el medio ambiente y cumplir con regulaciones ambientales cada vez más estrictas. Esto ha llevado a un mayor énfasis en la eficiencia energética, el reciclaje de materiales y el uso de procesos de producción más limpios.

Industria Moderna

La industria moderna se refiere a la integración de tecnologías digitales en los procesos de producción, lo que permite una mayor automatización, conectividad y análisis de datos en tiempo real. Esto está cambiando la forma en que se diseñan y operan las plantas de producción, permitiendo una mayor flexibilidad y eficiencia en la fabricación de productos.

Conclusión

La ingeniería en manufactura desempeña un papel fundamental en la economía global, impulsando la producción de bienes y productos en una amplia gama de industrias. A través de la aplicación de tecnologías avanzadas y la adopción de mejores prácticas, las empresas pueden mejorar la eficiencia, calidad y rentabilidad en sus procesos de producción, manteniéndose competitivas en el mercado.

FUNDAMENTOS DE PROCESOS DE MANUFACTURA

Los procesos de fabricación son la piedra angular de la industria moderna, desplegando una amplia gama de técnicas para transformar materias primas en productos finales. Desde la revolución industrial hasta la era digital, estos procesos han evolucionado continuamente para satisfacer las demandas de una sociedad en constante cambio. Este capítulo se adentra en los conceptos fundamentales que subyacen a los procesos de fabricación, explorando su importancia, clasificación y principios básicos.

Importancia de los Procesos de Fabricación

La importancia de los procesos de fabricación radica en su papel vital en la creación de bienes de consumo, componentes industriales y productos en una variedad de sectores. Desde la construcción de automóviles hasta la producción de dispositivos electrónicos, estos procesos son el alma de la fabricación moderna. Además de impulsar la economía global, los procesos de fabricación influyen en la calidad de vida, la innovación tecnológica y la sostenibilidad ambiental.

Clasificación de Procesos de Fabricación

Los procesos de fabricación se pueden clasificar de diversas maneras, dependiendo de varios criterios:

Por Formado: Este grupo incluye procesos como la fundición, la forja, la laminación y la extrusión, que implican dar forma al material mediante la aplicación de fuerzas mecánicas.

Por Remoción de Material: Engloba técnicas como el torneado, el fresado, el taladrado y el rectificado, donde se elimina material de una pieza para obtener la forma deseada.

Por Deformación sin Arranque de Viruta: Comprende procesos como el embutido, el estirado y el doblado, que alteran la forma del material sin eliminar material.

Por Solidificación: Implica la solidificación de materiales fundidos, como la fundición de metales y el moldeo por inyección de plástico.

Por Uniones: Incluye técnicas como soldadura, adhesión y ensamblaje mecánico para unir materiales y componentes.

Esta clasificación proporciona una visión general de la diversidad de técnicas disponibles en la fabricación moderna, cada una con sus propias aplicaciones y desafíos específicos.

Principios Básicos de Procesos de Fabricación

Materialización del Producto

La materialización del producto es el proceso de convertir una idea conceptual en un objeto físico. Requiere una cuidadosa selección de materiales, diseño de la geometría y elección de procesos de fabricación adecuados. Este proceso abarca desde la concepción inicial del producto hasta su fabricación y distribución.

Tecnologías de Fabricación Aditiva y Sustractiva

Fabricación Aditiva: Conocida también como impresión 3D, implica la construcción de objetos agregando material capa por capa. Esta técnica permite la creación de geometrías complejas y la fabricación de prototipos rápidos.

Fabricación Sustractiva: Consiste en eliminar material de una pieza para dar forma al producto final. Técnicas como el torneado, el fresado y el taladrado son ejemplos de este enfoque.

Selección de Materiales

La selección de materiales es un aspecto crucial de los procesos de fabricación, ya que afecta las propiedades y el rendimiento del producto final. Factores como la resistencia, la durabilidad, la conductividad y la apariencia estética deben tenerse en cuenta al elegir los materiales adecuados para una aplicación específica.

Diseño para la Fabricación

El diseño para la fabricación implica considerar la manufacturabilidad del producto desde las primeras etapas del proceso de diseño. Esto implica optimizar la geometría del producto para facilitar la fabricación, minimizar la complejidad y reducir los costos de producción.

Tecnologías Avanzadas en Procesos de Fabricación

Fabricación Digital

La fabricación digital integra tecnologías como la modelación computacional, la simulación y la fabricación aditiva para mejorar la eficiencia y la precisión en la producción. Esto incluye el uso de software de diseño asistido por computadora (CAD), simulación de procesos y control numérico computarizado (CNC).

Internet de las Cosas (IoT) en Fabricación

La integración de dispositivos conectados a internet en entornos de fabricación permite el monitoreo en tiempo real, la optimización de procesos y la detección temprana de fallas. Esto incluye sensores de temperatura, humedad, presión y movimiento, así como sistemas de gestión de datos en la nube.

Robótica y Automatización

El uso de robots y sistemas automatizados en los procesos de fabricación aumenta la velocidad, la precisión y la seguridad, además de reducir los costos laborales. Los robots industriales se utilizan para tareas como ensamblaje, soldadura, pintura y manejo de materiales en entornos de producción.

Fabricación Verde

La fabricación verde se enfoca en minimizar el impacto ambiental de los procesos de fabricación, mediante la reducción de residuos, el uso eficiente de recursos y la adopción de tecnologías limpias. Esto incluye prácticas como el reciclaje de materiales, la optimización del uso de energía y la reducción de emisiones de gases de efecto invernadero.

Conclusión

Los procesos de fabricación son esenciales para la creación de una amplia variedad de productos en la industria moderna. Desde los principios básicos hasta las tecnologías avanzadas, la comprensión de los fundamentos de estos procesos es crucial para optimizar la eficiencia, la calidad y la sostenibilidad en la fabricación. La continua evolución en este campo impulsa la innovación y el progreso en la industria manufacturera, contribuyendo al desarrollo económico y social a nivel mundial.

SELECCIÓN DE MATERIALES EN LA MANUFACTURA

La selección de materiales desempeña un papel crucial en el proceso de manufactura, determinando en gran medida las propiedades, la durabilidad, el rendimiento y la calidad del producto final. Desde la ingeniería de componentes hasta la fabricación de productos de consumo, la elección adecuada de materiales es fundamental para lograr los objetivos de diseño, optimizar los procesos de fabricación y satisfacer las necesidades del mercado. En este capítulo, exploraremos en detalle la importancia de la selección de materiales en la manufactura, los criterios clave que influyen en esta selección, las propiedades esenciales de los materiales y las tendencias emergentes en este campo en constante evolución.

Importancia de la Selección de Materiales

La selección de materiales es un aspecto crítico en la manufactura por varias razones fundamentales:

Impacto en las Propiedades del Producto: Los materiales elegidos influyen directamente en las propiedades del producto final, incluyendo su resistencia, ductilidad, dureza, conductividad, entre otras. La elección adecuada de materiales puede garantizar que el producto cumpla con los estándares de calidad y rendimiento requeridos.

Optimización del Proceso de Fabricación: La selección de materiales apropiados puede simplificar y optimizar los procesos de fabricación, reduciendo los tiempos de producción, minimizando los desperdicios y mejorando la eficiencia global del sistema de manufactura.

Consideraciones Económicas: La selección de materiales también tiene implicaciones económicas significativas, ya que los costos asociados con la adquisición, procesamiento y manipulación de los materiales pueden representar una parte importante del costo total de producción. La selección de materiales adecuados puede ayudar a reducir los costos y mejorar la rentabilidad.

Sostenibilidad y Responsabilidad Ambiental: En un contexto de creciente conciencia ambiental y regulaciones más estrictas, la selección de materiales sostenibles y respetuosos con el medio ambiente es cada vez más importante. Los fabricantes están buscando activamente materiales renovables, reciclables y de bajo impacto ambiental para sus productos y procesos de fabricación.

Criterios de Selección de Materiales

La selección de materiales en la manufactura se basa en una variedad de criterios interrelacionados, que deben ser considerados de manera integral para tomar decisiones informadas:

Propiedades Requeridas del Producto: La primera consideración al seleccionar materiales es identificar las propiedades físicas, mecánicas, térmicas, eléctricas y químicas que son requeridas para el producto final. Estas propiedades pueden variar según la aplicación específica del producto y deben ser cuidadosamente evaluadas.

Compatibilidad con el Proceso de Fabricación: Los materiales seleccionados deben ser compatibles con los procesos de fabricación utilizados para producir el producto. Esto incluye consideraciones como la temperatura de procesamiento, la facilidad de conformado, la resistencia a la corrosión durante los procesos químicos, entre otros.

Costo y Disponibilidad: El costo de los materiales y su disponibilidad en el mercado son factores críticos a tener en cuenta. Los materiales excesivamente costosos o difíciles de obtener pueden afectar negativamente la viabilidad económica del producto.

Desempeño y Durabilidad: Es fundamental seleccionar materiales que cumplan con los requisitos de desempeño y durabilidad del producto en su entorno de uso previsto. Esto puede implicar pruebas de resistencia, durabilidad a largo plazo y compatibilidad con condiciones ambientales específicas.

Aspectos Estéticos y de Diseño: En algunos casos, los aspectos estéticos y de diseño pueden influir en la selección de materiales, especialmente en productos de consumo donde la apariencia juega un papel importante en la percepción del cliente.

Impacto Ambiental y Regulatorio: La selección de materiales también debe considerar el impacto ambiental de los materiales a lo largo de su ciclo de vida, incluyendo la extracción, procesamiento, uso y disposición final. Además, los materiales deben cumplir con las regulaciones y normativas ambientales aplicables.

Reciclabilidad y Sostenibilidad: Con el aumento de la conciencia ambiental, la reciclabilidad y la sostenibilidad de los materiales se han vuelto aspectos cada vez más importantes en la selección de materiales. Los materiales reciclables y de origen sostenible están ganando popularidad en la industria manufacturera.

Propiedades de los Materiales

Al seleccionar materiales para la manufactura, es crucial comprender las propiedades clave que determinan su comportamiento y rendimiento en diversas condiciones. Algunas de las propiedades más importantes incluyen:

Resistencia Mecánica: La resistencia mecánica se refiere a la capacidad de un material para resistir cargas y deformaciones bajo tensiones aplicadas. Esta propiedad es esencial en aplicaciones donde se requiere resistencia estructural, como en la construcción de edificios, puentes, vehículos y maquinaria.

Dureza: La dureza es la resistencia de un material a la deformación plástica y al rayado. Los materiales más duros tienden a ser más resistentes al desgaste y a la abrasión, lo que los hace adecuados para aplicaciones donde se requiere resistencia a la abrasión, como en herramientas de corte y maquinaria.

Tenacidad: La tenacidad es la capacidad de un material para absorber energía antes de fracturarse. Esta propiedad es importante en aplicaciones donde se producen cargas de impacto o choque, como en componentes de vehículos y estructuras expuestas a condiciones severas.

Resistencia a la Corrosión: La resistencia a la corrosión es la capacidad de un material para resistir la degradación química causada por agentes corrosivos como agua, ácidos, bases y gases. Esta propiedad es crucial en aplicaciones expuestas a ambientes corrosivos, como en la industria química, marina y petrolera.

Conductividad Eléctrica y Térmica: La conductividad eléctrica y térmica son propiedades que determinan la capacidad de un material para transportar corriente eléctrica y calor, respectivamente. Estas propiedades son importantes en una amplia gama de aplicaciones, desde la electrónica hasta la generación de energía y la fabricación de dispositivos de calefacción y refrigeración.

Densidad: La densidad es la masa por unidad de volumen de un material y afecta directamente el peso y la masa de los productos fabricados. Los materiales de baja densidad son deseables en aplicaciones donde se requiere reducir el peso, como en la industria aeroespacial y automotriz.

Estabilidad Dimensional: La estabilidad dimensional es la capacidad de un material para mantener su forma y dimensiones bajo diversas condiciones de temperatura, humedad y carga. Esta propiedad es importante en aplicaciones donde se requiere precisión dimensional y resistencia a la deformación, como en la fabricación de componentes de precisión y moldes.

Tendencias Emergentes en Selección de Materiales

El campo de la selección de materiales está en constante evolución, impulsado por avances en ciencia de materiales, tecnología de fabricación y demandas cambiantes del mercado. Algunas tendencias emergentes en este campo incluyen:

Materiales Inteligentes: Los materiales inteligentes, también conocidos como materiales activos o adaptativos, pueden responder de manera dinámica a estímulos externos como temperatura, luz, presión y campos magnéticos. Estos materiales tienen aplicaciones potenciales en campos como la electrónica, la medicina, la construcción y la automoción.

Materiales Compuestos Avanzados: Los materiales compuestos, que consisten en la combinación de dos o más materiales para obtener propiedades mejoradas, están ganando popularidad en una amplia gama de aplicaciones. Los avances en la fabricación de materiales compuestos están abriendo nuevas oportunidades en la industria aeroespacial, automotriz, naval, deportiva y de construcción.

Materiales Biocompatibles: Con el crecimiento de la industria biomédica, hay una creciente demanda de materiales biocompatibles que sean seguros para su uso en el cuerpo humano y no provoquen reacciones adversas. Los avances en biomateriales están permitiendo el desarrollo de implantes médicos, prótesis, dispositivos de diagnóstico y medicamentos de administración controlada.

Materiales Sostenibles y Reciclables: En respuesta a las preocupaciones ambientales y la escasez de recursos naturales, los fabricantes están buscando activamente materiales sostenibles y reciclables para reducir el impacto ambiental de sus productos. Los materiales biodegradables, los materiales de origen renovable y los procesos de fabricación eco-amigables están siendo cada vez más adoptados por la industria.

Fabricación Aditiva y Personalización: La fabricación aditiva, también conocida como impresión 3D, está revolucionando la forma en que se seleccionan y utilizan los materiales en la manufactura. Esta tecnología permite la fabricación de productos altamente personalizados y complejos utilizando una amplia gama de materiales, incluyendo polímeros, metales, cerámicas y compuestos.

Conclusión

La selección de materiales en la manufactura es un proceso complejo que requiere un enfoque multidisciplinario y una comprensión profunda de las propiedades de los materiales, los procesos de fabricación y los requisitos del producto final. Los criterios de selección, que van desde las propiedades requeridas hasta consideraciones económicas y ambientales, deben ser cuidadosamente evaluados para tomar decisiones informadas y optimizar el desempeño global del sistema de manufactura. Con el surgimiento de nuevas tecnologías y materiales innovadores, el campo de la selección de materiales está evolucionando rápidamente, abriendo nuevas oportunidades y desafíos para la industria manufacturera.

PROCESOS DE MAQUINADO

Los procesos de maquinado representan un conjunto de técnicas fundamentales en la manufactura industrial. Estos procesos son esenciales para dar forma, dimensionar y dar acabado a una amplia variedad de piezas y componentes mecánicos. Desde la creación de superficies cilíndricas hasta la producción de formas complejas, los procesos de maquinado abarcan una gama diversa de operaciones que son cruciales en numerosas industrias. Este capítulo explora en detalle los diferentes tipos de procesos de maquinado, las máquinas herramienta involucradas, las operaciones comunes y las aplicaciones industriales.

Tipos de Procesos de Maquinado

Los procesos de maquinado se pueden clasificar en varios tipos principales, cada uno con sus propias características y aplicaciones específicas:

Torneado

El torneado es uno de los procesos de maquinado más fundamentales y ampliamente utilizados. Implica la rotación de una pieza de trabajo mientras una herramienta de corte se desplaza en una trayectoria lineal o circular para eliminar el material y dar forma a la pieza. El torneado se utiliza para crear piezas cilíndricas, cónicas, esféricas y otras formas similares. Las máquinas herramienta utilizadas en el torneado incluyen tornos de diferentes tipos, como tornos paralelos, tornos CNC y tornos automáticos.

Fresado

El fresado es otro proceso de maquinado esencial que implica el uso de una herramienta de corte giratoria para eliminar material de la superficie de una pieza de trabajo. Se pueden realizar una variedad de operaciones de fresado, como fresado frontal, fresado de ranuras, fresado de cavidades y fresado de superficies irregulares, utilizando diferentes tipos de fresas y configuraciones de máquinas. Las fresadoras pueden ser máquinas verticales u horizontales y pueden ser controladas manualmente o mediante sistemas CNC.

Taladrado

El taladrado es un proceso de maquinado que se utiliza para crear agujeros cilíndricos en una pieza de trabajo. Se realiza utilizando una broca giratoria que se mueve axialmente hacia abajo para cortar el material y formar el agujero deseado. Las taladradoras pueden ser máquinas de columna, máquinas de taladrado radial o máquinas de taladrado CNC, y están disponibles en una variedad de tamaños y capacidades.

Rectificado

El rectificado es un proceso de maquinado que se utiliza para obtener tolerancias dimensionales estrechas y un acabado superficial fino en piezas de trabajo. Se realiza utilizando una muela abrasiva giratoria que elimina material de la superficie de la pieza de trabajo mediante el corte y la abrasión. El rectificado es comúnmente utilizado en la fabricación de herramientas de corte, moldes, matrices y componentes de precisión. Las rectificadoras pueden ser rectificadoras cilíndricas, rectificadoras de superficies planas, rectificadoras sin centros o rectificadoras de herramientas, dependiendo de la aplicación específica.

Bruñido

El bruñido es un proceso de maquinado de acabado que se utiliza para mejorar la superficie de una pieza de trabajo y reducir la rugosidad superficial. Se realiza mediante el deslizamiento de una herramienta de bruñido a través de la superficie de la pieza de trabajo, que elimina las irregularidades microscópicas y produce un acabado suave y brillante. El bruñido se utiliza comúnmente en aplicaciones donde se requiere un acabado de alta calidad, como en la fabricación de cilindros hidráulicos, cojinetes y componentes de precisión.

Electroerosión

La electroerosión es un proceso de maquinado no convencional que utiliza descargas eléctricas para eliminar material de una pieza de trabajo. Se utiliza principalmente en materiales conductores, como metales, y es especialmente útil para fabricar formas complejas y realizar operaciones de acabado de alta precisión. La electroerosión puede ser electroerosión de corte por hilo (EDM) o electroerosión por penetración (EDM), dependiendo de la aplicación específica y el tipo de material utilizado.

Otros Procesos

Además de los procesos mencionados anteriormente, existen una variedad de otros procesos de maquinado que se utilizan en aplicaciones especializadas. Estos incluyen procesos como mandrinado, escariado, roscado, brochado, tallado y pulido, entre otros. Cada uno de estos procesos tiene sus propias características y aplicaciones específicas, y puede ser utilizado para crear una amplia gama de formas y geometrías en piezas de trabajo de diferentes materiales.

Máquinas Herramienta en Procesos de Maquinado

Las máquinas herramienta son equipos especializados utilizados en procesos de maquinado para realizar operaciones de corte, conformado, acabado y otras operaciones relacionadas. Algunas de las máquinas herramienta más comunes utilizadas en procesos de maquinado incluyen:

Torno

El torno es una máquina herramienta utilizada para realizar operaciones de torneado en piezas de trabajo cilíndricas. Puede ser utilizado para crear superficies exteriores, interiores, cónicas y roscadas, así como para realizar operaciones de taladrado, mandrinado y escariado. Los tornos están disponibles en una variedad de tipos y configuraciones, desde tornos manuales convencionales hasta tornos CNC altamente automatizados.

Fresadora

La fresadora es una máquina herramienta utilizada para realizar operaciones de fresado en una variedad de piezas de trabajo. Puede realizar fresado frontal, fresado de superficies planas, fresado de ranuras, fresado de engranajes y una variedad de otras operaciones utilizando diferentes tipos de fresas y configuraciones de máquinas. Las fresadoras pueden ser máquinas verticales u horizontales y pueden ser controladas manualmente o mediante sistemas CNC.

Taladradora

La taladradora es una máquina herramienta utilizada para realizar operaciones de taladrado en piezas de trabajo. Puede realizar taladrado en materiales metálicos, plásticos y otros materiales utilizando una variedad de brocas y configuraciones de máquinas. Las taladradoras pueden ser máquinas de columna, máquinas de taladrado radial o máquinas de taladrado CNC, y están disponibles en una variedad de tamaños y capacidades.

Rectificadora

La rectificadora es una máquina herramienta utilizada para realizar operaciones de rectificado en piezas de trabajo. Puede realizar rectificado cilíndrico, rectificado de superficies planas, rectificado de formas y una variedad de otras operaciones utilizando diferentes tipos de muelas abrasivas y configuraciones de máquinas. Las rectificadoras pueden ser rectificadoras cilíndricas, rectificadoras de superficies planas, rectificadoras sin centros o rectificadoras de herramientas, dependiendo de la aplicación específica.

Máquina de Electroerosión

La máquina de electroerosión es una máquina herramienta utilizada para realizar operaciones de electroerosión en piezas de trabajo. Puede realizar electroerosión de corte por hilo, electroerosión por penetración y una variedad de otras operaciones utilizando diferentes tipos de electrodos y configuraciones de máquinas. Las máquinas de electroerosión son especialmente útiles para fabricar formas complejas y realizar operaciones de acabado de alta precisión en materiales conductores.

Otras Máquinas

Además de las máquinas mencionadas anteriormente, existen una variedad de otras máquinas herramienta utilizadas en procesos de maquinado, como máquinas de mandrinado, máquinas de escariado, máquinas de brochado, máquinas de tallado y máquinas de pulido, entre otras. Cada una de estas máquinas tiene sus propias características y aplicaciones específicas, y puede ser utilizada para realizar una amplia gama de operaciones de maquinado en diferentes tipos de piezas de trabajo.

Operaciones Comunes en Procesos de Maquinado

Corte

El corte es una operación común en todos los procesos de maquinado, que implica la separación de material de la pieza de trabajo utilizando una herramienta de corte. Se pueden utilizar diferentes tipos de herramientas de corte, como cuchillas, fresas, brocas y muelas abrasivas, dependiendo de la aplicación específica y el material de la pieza de trabajo. El corte se utiliza para dar forma, dimensionar y dar acabado a una amplia variedad de piezas y componentes mecánicos en numerosas industrias.

Desbaste

El desbaste es una operación que se realiza para eliminar grandes cantidades de material de la pieza de trabajo de manera rápida y eficiente. Se realiza utilizando herramientas de corte con velocidades de avance y profundidades de corte elevadas para maximizar la tasa de remoción de material. El desbaste se utiliza comúnmente en la etapa inicial de la fabricación para eliminar el exceso de material y dar forma básica a la pieza de trabajo antes de realizar operaciones de acabado más precisas.

Acabado

El acabado es una operación que se realiza para mejorar la precisión dimensional y el acabado superficial de la pieza de trabajo. Se realiza utilizando herramientas de corte con velocidades de avance y profundidades de corte bajas, así como técnicas de bruñido, rectificado y pulido para obtener tolerancias estrechas y un acabado superficial fino. El acabado se utiliza para mejorar la precisión dimensional, reducir la rugosidad superficial y mejorar la apariencia estética de la pieza de trabajo antes de su uso final.

Roscado

El roscado es una operación que se realiza para crear roscas en la superficie de la pieza de trabajo. Se realiza utilizando herramientas de roscar, como machos y terrajas, que cortan el material para formar las roscas deseadas. El roscado se utiliza comúnmente en la fabricación de tornillos, pernos, tuercas y otros componentes roscados en una variedad de industrias, incluyendo la automotriz, la aeroespacial, la electrónica y la construcción.

Mandrinado

El mandrinado es una operación que se realiza para crear agujeros de precisión en la superficie de la pieza de trabajo. Se realiza utilizando herramientas de mandrinar, como mandriles y brocas de mandrinado, que se desplazan axialmente hacia abajo para cortar el material y formar el agujero deseado. El mandrinado se utiliza comúnmente para fabricar agujeros de gran tamaño, agujeros con tolerancias estrechas y agujeros con acabados superficiales precisos en una variedad de materiales y geometrías de piezas de trabajo.

Aplicaciones Industriales de los Procesos de Maquinado

Los procesos de maquinado tienen una amplia gama de aplicaciones en diversas industrias, incluyendo:

Automotriz: Fabricación de motores, transmisiones, ejes, frenos y otros componentes mecánicos.

Aeroespacial: Fabricación de estructuras de aeronaves, componentes de motores, sistemas de control y aviónica.

Electrónica: Fabricación de componentes de precisión, circuitos impresos, conectores y dispositivos semiconductores.

Médica: Fabricación de instrumentos quirúrgicos, implantes médicos, dispositivos de diagnóstico y equipos de laboratorio.

Metalúrgica: Fabricación de herramientas de corte, moldes, matrices, troqueles y piezas de máquinas industriales.

Los procesos de maquinado son fundamentales en la fabricación de una amplia variedad de productos y componentes en estas industrias, y desempeñan un papel crucial en la producción de productos de alta calidad, precisión y fiabilidad.

Conclusión

Los procesos de maquinado son técnicas esenciales en la manufactura industrial que permiten la creación de una amplia variedad de piezas y componentes mecánicos. Desde el torneado y el fresado hasta el taladrado y el rectificado, estos procesos ofrecen una gama diversa de opciones para dar forma, dimensionar y dar acabado a piezas de trabajo de diferentes materiales y geometrías.

PROCESOS DE CONFORMADO

Los procesos de conformado son fundamentales en la fabricación industrial, abarcando una amplia gama de técnicas que permiten la transformación de materiales en formas y geometrías específicas. Desde la producción de componentes simples hasta la fabricación de estructuras complejas, los procesos de conformado son indispensables en diversas industrias. En este capítulo, exploraremos con profundidad los diferentes tipos de procesos de conformado, las máquinas y herramientas utilizadas, las operaciones comunes y las aplicaciones industriales.

Tipos de Procesos de Conformado

Los procesos de conformado se clasifican en varias categorías, cada una adaptada para cumplir con requisitos específicos de fabricación. A continuación, se detallan algunos de los tipos más comunes:

Conformado en Frío

El conformado en frío implica la deformación plástica de materiales a temperatura ambiente o ligeramente elevada, sin la necesidad de aplicar calor adicional. Este proceso es común en la producción de piezas metálicas de pared delgada, como láminas y perfiles, y abarca técnicas como estampado, embutición, plegado y estirado en frío. Se utiliza ampliamente en industrias como la automotriz, la electrónica y la de electrodomésticos.

Conformado en Caliente

El conformado en caliente implica la deformación plástica de materiales a temperaturas elevadas, generalmente por encima de su temperatura de recristalización. Este proceso se utiliza para fabricar componentes con geometrías complejas y propiedades mecánicas mejoradas. Ejemplos de procesos de conformado en caliente incluyen la forja, laminación, extrusión y estampado en caliente. Es común en la fabricación de componentes para industrias como la aeroespacial, la construcción y la naval.

Conformado Incremental

El conformado incremental se basa en una serie de pasos de conformado progresivo para obtener la forma final de una pieza. Este proceso es ideal para la fabricación de componentes con geometrías complejas y tolerancias ajustadas, como engranajes y levas. Ejemplos de procesos de conformado incremental incluyen el estampado progresivo, conformación en rollo y formación en frío. Se emplea en la producción de piezas para la industria de la maquinaria, la aeroespacial y la automotriz.

Conformado Superplástico

El conformado superplástico se realiza a temperaturas elevadas y velocidades de deformación muy bajas. Este proceso permite la fabricación de componentes con formas y detalles altamente complejos, como los utilizados en aplicaciones aeroespaciales y biomédicas. Ejemplos de procesos de conformado superplástico incluyen el estirado superplástico y la hidroconformación superplástica.

Otros Procesos

Además de los mencionados anteriormente, existen una serie de procesos de conformado especializados utilizados en diversas aplicaciones. Estos incluyen el troquelado, la embutición profunda, el plegado de tubos, la forja en matriz cerrada y la formación de laminillas, entre otros.

Máquinas y Herramientas en Procesos de Conformado

Los procesos de conformado requieren una variedad de máquinas y herramientas especializadas para aplicar fuerzas controladas y dar forma a los materiales. Algunas de las máquinas y herramientas más comunes incluyen:

Prensas

Las prensas son máquinas utilizadas para aplicar fuerzas controladas en procesos de conformado como estampado, embutición y formación de tubos. Pueden ser mecánicas, hidráulicas o neumáticas, y están diseñadas para una variedad de capacidades y velocidades de operación.

Rodillos

Los rodillos son herramientas utilizadas en procesos de conformado para reducir el grosor de una pieza de material y darle forma. Los rodillos de laminación en frío y en caliente, así como los rodillos de estampado y perfilado, son comunes en la producción de láminas, perfiles y barras.

Troqueles y Moldes

Los troqueles y moldes son herramientas utilizadas en procesos de estampado, embutición y moldeo para dar forma a los materiales en la forma deseada. Pueden ser simples o complejos, dependiendo de la geometría de la pieza y los detalles del diseño.

Equipos de Calentamiento

Los equipos de calentamiento, como hornos de inducción y hornos de resistencia, se utilizan en procesos de conformado en caliente para elevar la temperatura de los materiales por encima de su temperatura de recristalización.

Equipos de Refrigeración

Los equipos de refrigeración se utilizan para controlar la temperatura de los materiales durante los procesos de conformado, evitando la deformación excesiva y la fractura. Los sistemas de enfriamiento por aire, agua u aceite son comunes en aplicaciones de conformado en frío y en caliente.

Operaciones Comunes en Procesos de Conformado

Estampado

El estampado implica el uso de una prensa para forzar una pieza de material a través de un troquel para obtener la forma deseada. Se utiliza en la producción de una amplia variedad de componentes, desde piezas automotrices hasta partes electrónicas.

Embutición

La embutición utiliza una prensa para formar una pieza de material en una cavidad de troquel, creando una forma tridimensional. Se emplea para fabricar componentes con paredes delgadas y geometrías complejas.

Laminación

La laminación utiliza rodillos para reducir el grosor de una pieza de material y darle forma. Se utiliza en la producción de láminas metálicas, láminas y perfiles.

Forja

La forja implica la deformación plástica de materiales calientes mediante la aplicación de fuerzas controladas. Se utiliza para fabricar componentes de alta resistencia y resistencia, como ejes y bielas.

Extrusión

La extrusión fuerza un material a través de un troquel para obtener una forma continua y uniforme. Se utiliza para fabricar componentes con secciones transversales uniformes, como tubos y perfiles.

Conformado por Explosión

El conformado por explosión utiliza explosivos para deformar plásticamente un material y crear formas complejas. Se utiliza en aplicaciones aeroespaciales y militares.

Hidroconformado

El hidroconformado utiliza un fluido a alta presión para forzar un material contra un molde y obtener la forma deseada. Se utiliza en la fabricación de carrocerías de automóviles y componentes de tuberías.

Otros Procesos

Otros procesos incluyen el plegado de tubos, el estirado de tubos, la expansión de tubos, la plegadora de chapa y la formación de laminillas, cada uno con sus propias aplicaciones y desafíos.

Aplicaciones Industriales de los Procesos de Conformado

Los procesos de conformado tienen una amplia gama de aplicaciones en diversas industrias, incluyendo:

Automotriz: Fabricación de carrocerías, chasis, suspensiones y componentes de motor.

Aeroespacial: Fabricación de estructuras de aeronaves, componentes de motores y sistemas de propulsión.

Electrónica: Fabricación de carcasas, chasis y componentes de montaje en superficie.

Médica: Fabricación de implantes, instrumentos quirúrgicos y dispositivos de diagnóstico.

Metalúrgica: Fabricación de herramientas, componentes de maquinaria y equipos de procesamiento.

Conclusión

Los procesos de conformado son esenciales en la fabricación de una amplia variedad de productos y componentes industriales. Desde la producción de piezas simples hasta la formación de componentes estructurales complejos, estos procesos ofrecen una variedad de opciones para dar forma, dimensionar y dar acabado a materiales metálicos y no metálicos. Con el avance de la tecnología y la innovación en materiales, se espera que los procesos de conformado continúen desempeñando un papel crucial en la fabricación moderna en el futuro.

SOLDADURA Y UNIÓN DE MATERIALES

La soldadura y unión de materiales representan un conjunto de técnicas esenciales en la fabricación moderna, permitiendo la conexión permanente de piezas metálicas y no metálicas en una amplia variedad de industrias, desde la construcción hasta la automotriz, pasando por la aeroespacial y la electrónica. Este capítulo se sumerge en los intrincados aspectos de los diferentes tipos de procesos de soldadura y unión, analiza las técnicas y equipos utilizados, explora los materiales involucrados y examina las aplicaciones industriales junto con los desafíos asociados.

Tipos de Procesos de Soldadura y Unión

Los procesos de soldadura y unión se subdividen en varias categorías, cada una adaptada para diferentes materiales, espesores y aplicaciones. A continuación, se detallan algunos de los tipos más comunes:

Soldadura por Arco Eléctrico

La soldadura por arco eléctrico es uno de los métodos más comunes, donde un arco eléctrico generado entre un electrodo y el material de trabajo funde ambos extremos, formando una unión sólida al enfriarse. Los subtipos incluyen:

Soldadura de Electrodo Revestido (SMAW): Utiliza un electrodo revestido que se funde durante la soldadura, creando un gas protector y escoria que protege la soldadura.

Soldadura con Gas de Tungsteno (GTAW o TIG): Emplea un electrodo de tungsteno no consumible y gas inerte para proteger la soldadura, ideal para aplicaciones de alta calidad.

Soldadura con Alambre Sólido (GMAW o MIG): Usa un alambre de soldadura continuo y gas de protección para unir los materiales.

Soldadura con Alambre Tubular (FCAW): Similar a GMAW, pero utiliza un alambre tubular relleno de flux para proteger la soldadura.

Soldadura por Resistencia

La soldadura por resistencia se basa en la generación de calor mediante la resistencia eléctrica entre las piezas a unir, formando la soldadura al enfriarse. Tipos comunes incluyen:

Soldadura por Puntos: Utiliza corriente eléctrica para fundir pequeñas áreas de los materiales a unir, formando puntos de soldadura.

Soldadura por Costura: Aplica una corriente continua a través de las piezas, creando una unión continua a lo largo de la costura.

Soldadura por Proyección: Utiliza electrodos especiales para concentrar la corriente eléctrica en áreas específicas de las piezas.

Soldadura por Fricción

La soldadura por fricción implica la generación de calor mediante fricción mecánica entre las superficies de las piezas, facilitando su unión plástica. Tipos destacados son:

Soldadura por Fricción-Agitación: Combina fricción y vibración para unir materiales, reduciendo la deformación y minimizando la formación de defectos.

Soldadura por Fricción Lineal: Aplica fricción y presión lineal para unir materiales, siendo útil para juntas lineales largas.

Soldadura por Fricción Rotativa: Gira una de las piezas mientras se aplica presión axial, generando calor por fricción y uniendo los materiales.

Soldadura por Láser

La soldadura por láser utiliza un haz de luz láser de alta intensidad para fundir y unir las piezas, ofreciendo alta precisión y control, así como una zona de calor reducida. Es ideal para aplicaciones sensibles al calor y de alta precisión.

Soldadura por Ultrasonido

La soldadura por ultrasonido aplica vibraciones ultrasónicas a las piezas, generando calor por fricción y formando una unión sólida al enfriarse. Es especialmente útil para materiales termoplásticos y aplicaciones que requieren una unión rápida y limpia.

Otros Procesos

Además de los mencionados, existen otros métodos de soldadura y unión, como la soldadura por haz de electrones, la soldadura por difusión, la soldadura por gas caliente y la soldadura por inducción, cada uno con sus propias aplicaciones y ventajas específicas.

Técnicas y Equipos Utilizados en Soldadura y Unión

Los procesos de soldadura y unión requieren una variedad de técnicas y equipos especializados para garantizar uniones de alta calidad y durabilidad. A continuación, se presentan algunos de los equipos comunes utilizados en estos procesos:

Fuentes de Energía

Las fuentes de energía son fundamentales en los procesos de soldadura y unión, proporcionando la potencia necesaria para generar calor y fundir los materiales. Estas pueden incluir fuentes de energía eléctrica, como generadores y transformadores, así como fuentes de energía térmica, como hornos y láseres.

Equipos de Soldadura

Los equipos de soldadura varían según el tipo de proceso utilizado y pueden incluir máquinas de soldadura por arco, soldadoras por resistencia, máquinas de soldadura láser, equipos de soldadura por ultrasonido y equipos de soldadura por fricción. Estos equipos están diseñados para proporcionar la potencia, precisión y control necesarios para lograr uniones de alta calidad.

Electrodos y Consumibles

Los electrodos y consumibles son componentes clave en muchos procesos de soldadura y unión. Estos pueden incluir electrodos revestidos, alambres de soldadura, gases de protección, flujo de soldadura, materiales de relleno y materiales de sellado. La selección adecuada de estos consumibles es crucial para garantizar la calidad y durabilidad de las uniones.

Herramientas de Sujeción

Las herramientas de sujeción son utilizadas para alinear y sujetar las piezas durante el proceso de soldadura y unión, asegurando una unión precisa y libre de deformaciones. Estas herramientas pueden incluir abrazaderas, mordazas, mesas de trabajo y dispositivos de fijación automáticos.

Equipos de Protección

La soldadura y unión de materiales pueden generar radiación, chispas, humos y calor, por lo que es fundamental utilizar equipos de protección personal adecuados. Estos pueden incluir cascos de soldadura, gafas de protección, guantes resistentes al calor, delantales de cuero y respiradores.

Materiales Utilizados en Soldadura y Unión

La selección de materiales es crucial en los procesos de soldadura y unión, ya que afecta la calidad, resistencia y durabilidad de las uniones. Algunos de los materiales comunes utilizados en estos procesos incluyen:

Metales

Los metales son los materiales más comúnmente soldados y unidos, debido a su amplia disponibilidad, conductividad térmica y conductividad eléctrica. Algunos de los metales más comunes utilizados en soldadura incluyen acero, aluminio, cobre, titanio y níquel.

Plásticos

Los plásticos son ampliamente utilizados en aplicaciones donde se requiere ligereza, resistencia a la corrosión y aislamiento eléctrico. Algunos de los plásticos más comunes soldados incluyen polietileno, polipropileno, PVC, ABS y policarbonato.

Cerámicos

Los materiales cerámicos son utilizados en aplicaciones que requieren alta resistencia al calor, la corrosión y la abrasión. La soldadura de cerámica es un proceso especializado que se utiliza en la fabricación de componentes electrónicos, catalizadores y productos cerámicos avanzados.

Compuestos

Los materiales compuestos están formados por la combinación de dos o más materiales diferentes para lograr propiedades específicas. Estos pueden incluir compuestos de fibra de carbono, fibra de vidrio, kevlar y resina epoxi, entre otros.

Aplicaciones Industriales de la Soldadura y Unión

La soldadura y unión de materiales tienen una amplia gama de aplicaciones en diversas industrias, incluyendo:

Construcción: Unión de estructuras metálicas, vigas y pilares.

Automotriz: Soldadura de carrocerías, chasis y componentes del motor.

Aeroespacial: Unión de componentes estructurales y sistemas de propulsión.

Electrónica: Soldadura de componentes electrónicos y cables.

Petróleo y Gas: Unión de tuberías, tanques y equipos de perforación.

Desafíos y Consideraciones

A pesar de los numerosos beneficios de la soldadura y unión de materiales, existen desafíos y consideraciones importantes a tener en cuenta, como la selección de materiales adecuada, la preparación de las superficies, el control de la temperatura y la calidad de la soldadura. Además, la seguridad del operador y la protección del medio ambiente son consideraciones clave en todos los procesos de soldadura y unión.

Conclusión

La soldadura y unión de materiales desempeñan un papel crucial en la fabricación moderna, permitiendo la creación de productos y estructuras complejas en una variedad de industrias. Con una amplia gama de procesos, técnicas y equipos disponibles, los fabricantes tienen la flexibilidad de elegir el método más adecuado para sus necesidades específicas. Sin embargo, es importante tener en cuenta los desafíos y consideraciones asociados para garantizar uniones de alta calidad, durabilidad y seguridad.

FUNDICIÓN Y MOLDEO

La fundición y el moldeo son procesos esenciales en la industria manufacturera, utilizados para producir una amplia gama de componentes metálicos y plásticos que son fundamentales en numerosas aplicaciones industriales y de consumo. Este capítulo explorará a fondo estos procesos, desde sus fundamentos hasta las últimas innovaciones tecnológicas, destacando su importancia y su impacto en la fabricación moderna.

Fundición

La fundición es un proceso de fabricación en el cual se vierte material fundido en un molde, donde se solidifica para formar una pieza sólida. Es uno de los métodos más antiguos de fabricación de componentes metálicos y sigue siendo ampliamente utilizado en diversas industrias.

La fundición desempeña un papel crucial en la fabricación de piezas complejas que no se pueden producir fácilmente por otros métodos de fabricación. Desde pequeñas piezas de joyería hasta componentes de motores de aviones, la fundición es fundamental en la producción industrial moderna.

Proceso de Fundición en Arena

La fundición en arena es uno de los métodos más comunes de fundición. Implica la creación de moldes de arena que se utilizan para verter metal fundido. El proceso consta de varias etapas, que incluyen la preparación de la arena, el moldeo, el colado, el enfriamiento y el desmoldeo.

En la preparación de la arena, se mezcla con un aglutinante para mejorar su cohesión y permeabilidad. Luego, se compacta alrededor de un modelo de la pieza a fundir para formar el molde. Una vez que el molde está listo, se vierte metal fundido en él y se deja enfriar hasta que se solidifica. Después del enfriamiento, se retira el molde y se realiza el acabado de la pieza fundida.

Otros Procesos de Fundición

Además de la fundición en arena, existen varios otros métodos de fundición utilizados en la industria. Estos incluyen la fundición a presión, la fundición centrífuga, la fundición a la cera perdida y la fundición de precisión, entre otros.

La fundición a presión es especialmente adecuada para la producción en masa de piezas de formas complejas y delgadas, mientras que la fundición a la cera perdida se utiliza para piezas de alta precisión que requieren detalles finos. Cada método de fundición tiene sus propias ventajas y aplicaciones específicas en términos de precisión, velocidad y costo.

Moldeo

El moldeo es el proceso de fabricación de moldes que se utilizan para dar forma a materiales fundidos durante el proceso de fundición. La calidad del molde es crucial para la calidad final de la pieza fundida, ya que determina la precisión y el acabado superficial de la misma.

Los moldes pueden estar hechos de una variedad de materiales, incluyendo arena, cerámica, yeso, metal y plástico. La elección del material del molde depende de varios factores, como el tipo de material fundido, la complejidad de la pieza y el volumen de producción.

Tipos de Moldes

Existen diferentes tipos de moldes utilizados en el proceso de fundición, cada uno con sus propias características y aplicaciones específicas. Algunos de los tipos de moldes más comunes incluyen:

Moldes de arena: utilizados en la fundición en arena, estos moldes se fabrican compactando arena alrededor de un modelo de la pieza.

Moldes de cerámica: fabricados a partir de materiales cerámicos que ofrecen una mayor resistencia al calor y una mejor precisión dimensional.

Moldes de yeso: hechos de yeso y utilizado en la fundición de metales no ferrosos y plásticos.

Moldes metálicos permanentes: fabricados de metal y reutilizables para producciones en serie.

Cada tipo de molde tiene sus propias ventajas y limitaciones, y la elección del molde adecuado depende de las especificaciones del producto y los requisitos de producción.

Técnicas de Moldeo

Existen diversas técnicas de moldeo utilizadas en la fabricación de moldes, cada una con sus propias ventajas y aplicaciones específicas. Algunas de las técnicas de moldeo más comunes incluyen:

Moldeo en arena verde: una técnica de moldeo en la que se utiliza arena húmeda mezclada con un aglutinante para formar el molde.

Moldeo en coquilla: una técnica de moldeo en la que se utiliza una cáscara de arena o metal para formar el molde.

Moldeo por inyección de plástico: una técnica de moldeo utilizada en la fabricación de piezas de plástico mediante la inyección de material fundido en un molde.

Moldeo por compresión: una técnica de moldeo en la que se aplica presión a un material fundido para darle forma.

Cada técnica de moldeo tiene sus propias ventajas en términos de precisión, velocidad y costo, y la elección de la técnica adecuada depende de las especificaciones del producto y los requisitos de producción.

Aplicaciones Industriales

Industria Metalúrgica

La fundición y el moldeo juegan un papel fundamental en la industria metalúrgica, donde se utilizan para fabricar una amplia gama de componentes metálicos utilizados en diversas aplicaciones. Algunos de los sectores industriales que dependen en gran medida de la fundición y el moldeo incluyen:

Industria automotriz: donde se utilizan para fabricar motores, carrocerías y otras piezas metálicas.

Industria aeroespacial: donde se utilizan para fabricar componentes de aviones y cohetes.

Industria naval: donde se utilizan para fabricar piezas de barcos y submarinos.

Industria de la construcción: donde se utilizan para fabricar piezas estructurales y componentes de maquinaria.

Industria Plástica

En la industria del plástico, el moldeo es esencial para la fabricación de una amplia gama de productos, desde envases hasta componentes electrónicos. Los procesos de moldeo de plástico, como la inyección y la extrusión, son utilizados en todo el mundo para producir productos plásticos de alta precisión.

Tendencias y Futuro

Avances Tecnológicos

Los avances tecnológicos están transformando la industria de la fundición y el moldeo, permitiendo una mayor precisión, eficiencia y personalización en la producción de piezas fundidas. Algunas de las tecnologías emergentes que están cambiando el panorama de la fundición y el moldeo incluyen:

Impresión 3D: que permite la fabricación de moldes y piezas de formas complejas con una precisión sin precedentes.

Simulación por computadora: que permite a los fabricantes predecir y optimizar el proceso de fundición y moldeo antes de la producción.

Automatización y robótica: que están siendo utilizadas para mejorar la eficiencia y la calidad en los procesos de fundición y moldeo.

Sostenibilidad y Eco-fundición

La sostenibilidad es una preocupación creciente en la industria manufacturera, y la fundición y el moldeo no son una excepción. Los fabricantes están buscando formas de reducir el impacto ambiental de estos procesos mediante la adopción de prácticas eco-amigables, como:

Reciclaje de materiales: que permite reutilizar los desechos de fundición y moldeo para reducir la cantidad de residuos generados.

Uso de energías renovables: que ayuda a reducir las emisiones de carbono asociadas con la fundición y el moldeo.

Diseño para la sostenibilidad: que implica diseñar productos y procesos de fabricación que minimicen el consumo de recursos naturales y la generación de residuos.

Conclusión

La fundición y el moldeo desempeñan un papel vital en la fabricación moderna, permitiendo la producción eficiente y rentable de una amplia variedad de componentes metálicos y plásticos. Con el continuo avance tecnológico y un enfoque renovado en la sostenibilidad, estos procesos seguirán evolucionando para satisfacer las demandas de la industria global.

FABRICACIÓN ADITIVA (IMPRESIÓN 3D)

La Fabricación Aditiva, también conocida como impresión 3D, ha emergido como una tecnología disruptiva que está transformando radicalmente la manera en que se fabrican y diseñan objetos en una amplia gama de industrias. Este capítulo explora en profundidad los fundamentos, los procesos, las aplicaciones y el futuro de la impresión 3D, destacando su importancia y su impacto en la fabricación moderna.

La Fabricación Aditiva es un proceso de fabricación por capas, en el cual los objetos tridimensionales se construyen añadiendo material capa por capa. A diferencia de los métodos tradicionales de fabricación, que son sustractivos, la impresión 3D es un proceso aditivo que ofrece una mayor libertad de diseño y una reducción de residuos.

Los principios fundamentales de la impresión 3D se basan en la digitalización de los diseños, la conversión de los modelos digitales en instrucciones de impresión y la deposición de material capa por capa para construir el objeto deseado.

Historia y Evolución

La historia de la impresión 3D se remonta a la década de 1980, cuando se desarrollaron los primeros prototipos de sistemas de fabricación aditiva. Desde entonces, la tecnología ha experimentado un rápido crecimiento y desarrollo, impulsado por avances en materiales, hardware y software.

Algunos hitos importantes en la evolución de la impresión 3D incluyen la invención de la estereolitografía (SLA) en la década de 1980, la patente de la impresión 3D por deposición de material fundido (FDM) en la década de 1990 y el desarrollo de tecnologías de impresión metálica en los últimos años.

Tipos de Tecnologías de Impresión 3D

Existen varios tipos de tecnologías de impresión 3D, cada una con sus propias características, ventajas y limitaciones. Algunas de las tecnologías de impresión 3D más comunes incluyen:

Estereolitografía (SLA): Utiliza un láser ultravioleta para solidificar capas de resina fotosensible.

Fusión por Láser Selectivo (SLS): Utiliza un láser para fusionar polvo de material en capas sucesivas.

Deposición de Material Fundido (FDM): Deposita filamentos de material termoplástico capa por capa.

Impresión 3D a Chorro de Tinta (MJM): Utiliza cabezales de impresión para depositar material líquido sobre un sustrato.

Cada tecnología tiene sus propias aplicaciones específicas, desde la producción de prototipos y herramientas hasta la fabricación de piezas finales y productos personalizados.

Procesos y Materiales

Proceso de Impresión 3D

El proceso de impresión 3D consta de varias etapas, que incluyen la preparación del modelo digital, la configuración de la impresora, la impresión del objeto capa por capa y el postprocesamiento.

La preparación del modelo digital implica la creación o descarga de un modelo tridimensional en un formato compatible con la impresora 3D. Luego, el modelo se procesa mediante software de slicing, que divide el objeto en capas y genera instrucciones de impresión para la impresora.

Una vez que el modelo se ha preparado, se carga en la impresora 3D y se configuran los parámetros de impresión, como la temperatura, la velocidad y la resolución. La impresora comienza entonces a construir el objeto capa por capa, depositando material según las instrucciones de impresión generadas por el software de slicing.

Una vez completada la impresión, el objeto puede requerir ciertas operaciones de postprocesamiento, como el lijado, el pulido, el recorte de soportes y el recubrimiento superficial, para mejorar su acabado y funcionalidad.

Materiales Utilizados

La impresión 3D utiliza una amplia variedad de materiales, que incluyen plásticos, metales, cerámicas, materiales biocompatibles y composites. Cada material tiene sus propias propiedades físicas y mecánicas, lo que lo hace adecuado para diferentes aplicaciones y requisitos de rendimiento.

Los plásticos son los materiales más comunes utilizados en la impresión 3D FDM, incluyendo PLA, ABS, PETG, nylon y resinas fotopolimerizables. Los metales, como el acero inoxidable, el aluminio y el titanio, son utilizados en la impresión 3D metálica mediante tecnologías como SLS y DMLS.

Los materiales biocompatibles son utilizados en aplicaciones médicas, como la impresión de implantes y prótesis personalizadas, mientras que los composites ofrecen propiedades mejoradas, como resistencia a la tracción y conductividad térmica.

Desafíos y Consideraciones

A pesar de sus numerosas ventajas, la impresión 3D también enfrenta desafíos y consideraciones importantes que deben ser tenidos en cuenta. Algunos de estos desafíos incluyen la precisión dimensional, la resistencia y durabilidad de las piezas impresas, la velocidad de impresión y el costo de los materiales y equipos.

Otros aspectos a considerar son la seguridad y la calidad del proceso de impresión, la optimización del diseño para la fabricación aditiva y la gestión de residuos y reciclaje de materiales.

Aplicaciones Industriales

Industria Aeroespacial

La industria aeroespacial es pionera en la adopción de la impresión 3D para la fabricación de componentes de aviones y cohetes. La impresión 3D permite la producción de piezas ligeras, complejas y personalizadas, reduciendo el peso total de las aeronaves y mejorando su rendimiento.

Ejemplos de aplicaciones incluyen la fabricación de turbinas de aviones, estructuras de ala, conductos de combustible y componentes de satélites.

Industria Médica

La impresión 3D está revolucionando la industria médica al permitir la fabricación de implantes personalizados, modelos anatómicos, instrumentos quirúrgicos y prótesis. La capacidad de crear dispositivos médicos personalizados a partir de imágenes de escaneo de pacientes ha abierto nuevas posibilidades en el campo de la medicina personalizada.

Aplicaciones destacadas incluyen la fabricación de prótesis de extremidades, implantes dentales, modelos de órganos para planificación quirúrgica y herramientas de formación para cirugías complejas.

Industria Automotriz

En la industria automotriz, la impresión 3D se utiliza para la fabricación de prototipos de diseño, herramientas de producción y piezas personalizadas. La capacidad de crear prototipos rápidos y iterar diseños de manera eficiente ha acelerado el desarrollo de nuevos vehículos y componentes.

Ejemplos de aplicaciones incluyen la fabricación de piezas de automóviles, como componentes de interiores, soportes de motor y conductos de refrigeración, así como la producción de herramientas de sujeción y moldes para la fabricación tradicional.

Tendencias y Futuro

Avances Tecnológicos

La impresión 3D sigue experimentando avances tecnológicos significativos, impulsados por la investigación y el desarrollo en curso en áreas como materiales, hardware y software. Algunas áreas de innovación incluyen la impresión 3D multimaterial, la impresión 3D a gran escala, la impresión 3D de alta velocidad y la impresión 3D de nanomateriales.

Los avances en la inteligencia artificial, la robótica y el aprendizaje automático también están transformando la impresión 3D al mejorar la precisión, la eficiencia y la automatización de los procesos de fabricación.

Impresión 3D a Gran Escala

Una tendencia emergente en la impresión 3D es la fabricación a gran escala de estructuras arquitectónicas, infraestructuras, vehículos y componentes industriales. La impresión 3D a gran escala ofrece ventajas en términos de velocidad de producción, personalización y reducción de costos.

Ejemplos de aplicaciones incluyen la construcción de viviendas asequibles, puentes y carreteras, la fabricación de vehículos eléctricos y la producción de componentes de energía renovable, como turbinas eólicas y paneles solares.

Sostenibilidad y Eco-impresión 3D

La sostenibilidad es una preocupación creciente en la industria de la impresión 3D, y se están desarrollando soluciones eco-amigables para abordar los desafíos ambientales asociados con la fabricación aditiva. Algunas iniciativas incluyen el uso de materiales biodegradables, el reciclaje de residuos de impresión y la optimización de los procesos de fabricación para reducir el consumo de energía y recursos naturales.

Conclusión

La Fabricación Aditiva, o impresión 3D, está redefiniendo la forma en que se fabrican y diseñan objetos en una amplia gama de industrias. Con su capacidad para crear objetos personalizados, complejos y funcionales de manera rápida y eficiente, la impresión 3D está en camino de convertirse en una tecnología dominante en la fabricación del siglo XXI.

AUTOMATIZACIÓN EN LA MANUFACTURA

La automatización en la manufactura ha sido un catalizador fundamental en la evolución de la industria, transformando los procesos de producción y mejorando la eficiencia, la calidad y la rentabilidad. En este capítulo, exploraremos en detalle los fundamentos, los tipos, las aplicaciones y el futuro de la automatización en la manufactura, destacando su importancia y su impacto en la fabricación moderna.

La automatización en la manufactura se refiere al uso de sistemas y tecnologías para realizar tareas de producción de forma autónoma, sin intervención humana directa. Los sistemas automatizados pueden incluir robots industriales, máquinas controladas por computadora, sistemas de control numérico y sistemas de gestión de procesos.

Los principios fundamentales de la automatización en la manufactura incluyen la sustitución de la mano de obra humana por máquinas, la optimización de los procesos de producción, la reducción de los costos operativos y la mejora de la calidad y la consistencia de los productos.

Historia y Evolución

La automatización en la manufactura tiene sus raíces en la Revolución Industrial, con la introducción de la maquinaria mecánica para realizar tareas previamente realizadas a mano. A lo largo del siglo XX, la automatización se ha ido desarrollando y refinando, con avances significativos en tecnologías como la electrónica, la informática y la robótica.

La introducción de la automatización programable en la década de 1970 marcó un hito importante en la evolución de la automatización en la manufactura, permitiendo la programación y reprogramación de sistemas automatizados para adaptarse a diferentes tareas y procesos.

Beneficios y Desafíos

La automatización en la manufactura ofrece una serie de beneficios significativos, incluyendo:

Aumento de la eficiencia y la productividad.

Mejora de la calidad y la consistencia de los productos.

Reducción de los costos laborales y operativos.

Mayor flexibilidad y capacidad de adaptación a cambios en la demanda del mercado.

Sin embargo, la automatización también plantea desafíos, como la inversión inicial en tecnología y capacitación, el riesgo de desplazamiento laboral y la necesidad de mantenimiento y actualización continuos de los sistemas automatizados.

Tipos de Automatización

Automatización Fija

La automatización fija implica el uso de equipos especializados diseñados para realizar tareas específicas de producción de manera repetitiva y constante. Los sistemas de automatización fija son adecuados para procesos de producción con alta demanda y poca variabilidad, donde la inversión en equipos especializados puede justificarse por el volumen de producción.

Ejemplos de sistemas de automatización fija incluyen líneas de ensamblaje automatizadas, células de fabricación y sistemas de transporte y manipulación automatizados.

Automatización Flexible

La automatización flexible implica el uso de sistemas que pueden adaptarse y reconfigurarse para realizar una variedad de tareas y procesos de producción. Los sistemas de automatización flexible son adecuados para entornos de producción con una alta variedad de productos y una demanda variable, donde se requiere una rápida reconfiguración de los equipos para adaptarse a cambios en la demanda del mercado.

Ejemplos de sistemas de automatización flexible incluyen robots industriales programables, sistemas de visión artificial y sistemas de control numérico.

Automatización Inteligente

La automatización inteligente implica el uso de sistemas avanzados que pueden aprender, adaptarse y tomar decisiones en tiempo real en función de datos y retroalimentación del entorno. Los sistemas de automatización inteligente están equipados con sensores, actuadores y algoritmos de control avanzados que les permiten operar de manera autónoma y optimizar continuamente sus operaciones.

Ejemplos de sistemas de automatización inteligente incluyen robots colaborativos, sistemas de control basados en inteligencia artificial y sistemas de gestión de la cadena de suministro basados en análisis predictivo.

Aplicaciones Industriales

Industria Automotriz

La industria automotriz ha sido pionera en la adopción de la automatización en la manufactura, utilizando sistemas automatizados para fabricar vehículos, motores, componentes y accesorios. Los robots industriales son ampliamente utilizados en líneas de ensamblaje para realizar tareas de soldadura, pintura, ensamblaje y manipulación de materiales.

Ejemplos de aplicaciones incluyen robots de soldadura en la fabricación de carrocerías de automóviles, sistemas de pintura automatizados en la aplicación de recubrimientos, y robots de ensamblaje en la fabricación de motores y transmisiones.

Industria Electrónica

La industria electrónica utiliza la automatización en la manufactura para producir componentes electrónicos, dispositivos y equipos. Los sistemas automatizados son utilizados en la fabricación de placas de circuito impreso, montaje de componentes, soldadura de precisión y pruebas de calidad.

Ejemplos de aplicaciones incluyen sistemas de colocación de componentes en la fabricación de tarjetas de circuito impreso, sistemas de inspección visual para detectar defectos de fabricación, y sistemas de prueba funcional para verificar la funcionalidad de los productos electrónicos.

Industria Alimentaria

La industria alimentaria utiliza la automatización en la manufactura para procesar, envasar y distribuir una amplia variedad de productos alimenticios. Los sistemas automatizados son utilizados en la manipulación de materias primas, el procesamiento de alimentos, el envasado y etiquetado, y la logística de distribución.

Ejemplos de aplicaciones incluyen sistemas de transporte automatizado en plantas de procesamiento de alimentos, sistemas de llenado y sellado en líneas de envasado, y sistemas de clasificación y distribución en almacenes y centros de distribución.

Tendencias y Futuro

Industria Moderna

La industria moderna representa una nueva era de la manufactura impulsada por la digitalización, la conectividad y la inteligencia artificial. En la industria moderna, los sistemas de automatización en la manufactura están interconectados y pueden comunicarse entre sí a través de Internet de las Cosas (IoT) y la nube.

Ejemplos de tecnologías en la industria moderna incluyen sistemas de fabricación aditiva, gemelos digitales de fábrica, sistemas de producción autónoma y sistemas de gestión de la cadena de suministro basados en blockchain.

Robótica Colaborativa

La robótica colaborativa, o cobots, representa una nueva generación de robots diseñados para trabajar de forma segura y colaborativa junto a los humanos en entornos de trabajo compartidos. Los cobots son capaces de realizar tareas de montaje, ensamblaje, manipulación y transporte de manera segura y eficiente.

Ejemplos de aplicaciones de cobots incluyen la colaboración entre humanos y robots en líneas de ensamblaje, operaciones de paletización y despaletización, y tareas de inspección y manipulación en entornos peligrosos.

Automatización en la Cadena de Suministro

La automatización en la cadena de suministro está transformando la forma en que se gestionan y operan las operaciones logísticas, desde el almacenamiento y la preparación de pedidos hasta el transporte y la entrega de productos. Los sistemas automatizados, como los almacenes automatizados, los sistemas de transporte autónomo y los drones de entrega, están mejorando la eficiencia y la precisión de la cadena de suministro.

Ejemplos de aplicaciones incluyen sistemas de gestión de almacenes automatizados, sistemas de picking y embalajes automatizados, y sistemas de seguimiento y localización en tiempo real de productos y envíos.

Conclusión

La automatización en la manufactura es un componente clave en la evolución de la industria, permitiendo la mejora continua de los procesos de producción y la optimización de la cadena de valor. Con el avance de la tecnología y la adopción de enfoques innovadores como la industria moderna y la robótica colaborativa, la automatización seguirá desempeñando un papel fundamental en la fabricación del futuro.

CONTROL DE CALIDAD EN LA MANUFACTURA

El control de calidad en la manufactura es un proceso vital que asegura la consistencia, fiabilidad y conformidad de los productos fabricados con los estándares de calidad establecidos. Este capítulo profundizará en los fundamentos, métodos, herramientas, implementación y tecnologías emergentes del control de calidad en la manufactura, destacando su impacto en la calidad del producto, la satisfacción del cliente y el éxito empresarial.

El control de calidad en la manufactura es el conjunto de actividades planificadas y sistemáticas implementadas en los procesos de producción para garantizar que los productos cumplan con los requisitos de calidad definidos. Los principios fundamentales del control de calidad incluyen la prevención de defectos, la detección temprana de problemas, la mejora continua y la satisfacción del cliente.

La calidad no es simplemente la ausencia de defectos, sino que implica la consistencia y la capacidad de cumplir con las expectativas y necesidades del cliente.

Importancia del Control de Calidad

El control de calidad desempeña un papel crítico en la manufactura por varias razones:

Garantiza la satisfacción del cliente al proporcionar productos que cumplen con sus expectativas y requisitos.

Reduce los costos asociados con los defectos de producción, como el retrabajo, los rechazos y las devoluciones.

Mejora la competitividad al diferenciar la empresa en el mercado y construir una reputación de calidad y fiabilidad.

Impulsa la mejora continua al identificar áreas de oportunidad para optimizar los procesos y aumentar la eficiencia.

El control de calidad es esencial para mantener la viabilidad a largo plazo de una empresa en un entorno competitivo y en constante cambio.

Ciclo de Control de Calidad

El ciclo de control de calidad, también conocido como ciclo PDCA (Planificar, Hacer, Verificar, Actuar), es un enfoque sistemático para la mejora continua de los procesos y la calidad de los productos. Este ciclo consta de las siguientes etapas:

Planificar: Establecer objetivos de calidad y desarrollar un plan detallado para alcanzarlos.

Hacer: Implementar el plan según lo diseñado durante la fase de planificación.

Verificar: Evaluar los resultados obtenidos mediante la comparación con los estándares de calidad definidos.

Actuar: Tomar medidas correctivas y preventivas para mejorar los procesos y evitar la recurrencia de problemas.

El ciclo PDCA es un enfoque iterativo que promueve la mejora continua al identificar y abordar áreas de oportunidad en cada ciclo.

Métodos y Herramientas de Control de Calidad

Inspección Visual

La inspección visual es uno de los métodos más comunes de control de calidad, que implica la evaluación visual de productos para detectar defectos o irregularidades. Esta técnica puede ser realizada por operadores humanos o mediante sistemas automatizados de visión artificial.

La inspección visual es particularmente efectiva para identificar defectos superficiales, como rayones, abolladuras, grietas o decoloraciones.

Pruebas de Funcionamiento

Las pruebas de funcionamiento son utilizadas para evaluar el rendimiento y la funcionalidad de los productos en condiciones reales de operación. Estas pruebas pueden incluir pruebas de resistencia, pruebas de durabilidad, pruebas de temperatura y pruebas de rendimiento eléctrico, entre otras.

Las pruebas de funcionamiento son esenciales para garantizar que los productos cumplan con los requisitos de rendimiento y seguridad especificados.

Control Estadístico de Procesos (CEP)

El Control Estadístico de Procesos (CEP) es una técnica utilizada para monitorear y controlar la variabilidad de un proceso de fabricación mediante el análisis de datos estadísticos. El CEP utiliza herramientas como gráficos de control, histogramas, diagramas de Pareto y análisis de capacidad para identificar patrones, tendencias y anomalías en los datos de producción.

El CEP es fundamental para identificar y corregir desviaciones en el proceso de fabricación antes de que afecten la calidad del producto final.

Planificación del Control de Calidad

La planificación del control de calidad es un paso crítico en el proceso de fabricación. Durante esta fase, se establecen los estándares de calidad, se definen los criterios de aceptación y se seleccionan los métodos y herramientas de control adecuados. También se desarrollan procedimientos de inspección y pruebas para garantizar que los productos cumplan con los requisitos de calidad especificados.

La planificación del control de calidad sienta las bases para el éxito del control de calidad en todo el proceso de fabricación.

Ejecución del Control de Calidad

La ejecución del control de calidad implica la implementación de los procedimientos y actividades planificados durante la fase de planificación. Durante esta etapa, se llevan a cabo inspecciones, pruebas y análisis de datos para verificar que los productos cumplan con los estándares de calidad definidos.

La ejecución del control de calidad es un proceso continuo que se realiza en todas las etapas del proceso de fabricación para garantizar la calidad del producto final.

Mejora Continua del Control de Calidad

La mejora continua del control de calidad es un objetivo clave para cualquier empresa orientada a la calidad. Esta fase implica la identificación de áreas de mejora a través de la retroalimentación del cliente, el análisis de datos y la aplicación de técnicas de resolución de problemas.

La mejora continua del control de calidad permite a las empresas optimizar sus procesos de fabricación y mejorar la calidad de sus productos de manera constante.

Tecnologías Emergentes en el Control de Calidad

Inteligencia Artificial (IA)

La inteligencia artificial (IA) está revolucionando el control de calidad en la manufactura al permitir la automatización de tareas de inspección y análisis de datos. Los sistemas de IA pueden procesar grandes volúmenes de datos y identificar patrones y anomalías con una precisión y velocidad sin precedentes.

La IA se utiliza en aplicaciones como sistemas de visión artificial, análisis de imágenes y diagnóstico de fallas para mejorar la eficiencia y precisión del control de calidad.

Internet de las Cosas (IoT)

El Internet de las Cosas (IoT) está permitiendo la monitorización en tiempo real de los procesos de fabricación y la recopilación de datos de sensores para el control de calidad. Los dispositivos IoT pueden recopilar datos sobre parámetros de producción, condiciones ambientales y rendimiento del equipo, y transmitir esta información a sistemas de análisis de datos en la nube.

El IoT se utiliza en aplicaciones como sensores de temperatura, monitoreo de vibraciones y seguimiento de activos para mejorar la calidad y eficiencia del control de calidad.

Fabricación Aditiva

La fabricación aditiva, también conocida como impresión 3D, está transformando el control de calidad al permitir la fabricación de prototipos y piezas personalizadas con una precisión y calidad excepcionales. Esta tecnología permite la producción de productos con geometrías complejas y detalles finos que pueden ser difíciles de lograr con métodos tradicionales de fabricación.

La fabricación aditiva se utiliza en aplicaciones como la fabricación de moldes de inspección, prototipos de productos y herramientas de fabricación personalizadas para mejorar la calidad y eficiencia del control de calidad.

Conclusión

El control de calidad en la manufactura es esencial para garantizar la calidad, fiabilidad y satisfacción del cliente. Con la implementación de métodos y herramientas adecuados, así como el aprovechamiento de tecnologías emergentes como la inteligencia artificial, el Internet de las Cosas y la fabricación aditiva, las empresas pueden mejorar la eficiencia y precisión de su control de calidad, lo que les permite ofrecer productos de alta calidad que cumplen con los estándares más exigentes.

LEAN MANUFACTURING Y MEJORA CONTINUA

En un mundo empresarial caracterizado por la competencia global y la búsqueda constante de eficiencia, el Lean Manufacturing y la Mejora Continua emergen como filosofías y prácticas esenciales para optimizar los procesos, reducir costos y mejorar la calidad. Este capítulo se adentrará profundamente en estos conceptos, explorando sus fundamentos, herramientas, técnicas y aplicaciones en la industria manufacturera y más allá.

Lean Manufacturing

El Lean Manufacturing, originario del Toyota Production System (TPS), es un enfoque holístico para la gestión de operaciones que busca la eliminación de desperdicios y la optimización de procesos para maximizar el valor para el cliente. Los principios fundamentales del Lean Manufacturing son la piedra angular de su filosofía:

Identificación del Valor: Comprender y definir qué es valioso desde la perspectiva del cliente.

Mapeo del Flujo de Valor: Analizar el flujo de trabajo desde la recepción de materiales hasta la entrega del producto final, identificando actividades que agregan valor y aquellas que no.

Creación de Flujo Continuo: Establecer un flujo de trabajo continuo y sin interrupciones para eliminar tiempos muertos y reducir el tiempo de entrega.

Producción Pull: Producir solo lo que se necesita, cuando se necesita, en respuesta a la demanda del cliente, evitando la sobreproducción.

Búsqueda de la Perfección: Buscar continuamente la mejora y la excelencia en todos los aspectos del negocio, nunca conformarse con el statu quo.

Herramientas y Técnicas del Lean

El Lean Manufacturing se apoya en una amplia gama de herramientas y técnicas para identificar y eliminar desperdicios en los procesos de producción. Estas incluyen:

Mapeo del Flujo de Valor (Value Stream Mapping): Visualizar y analizar el flujo de materiales y la creación de valor en toda la cadena de suministro.

Just in Time (JIT): Producir y entregar productos justo a tiempo para satisfacer la demanda del cliente, minimizando inventarios y costos.

5S: Una metodología para organizar y mantener un entorno de trabajo limpio, ordenado y eficiente.

Kaizen: Fomentar la mejora continua mediante la participación activa de los empleados en la identificación y resolución de problemas.

Poka-Yoke: Implementar dispositivos o mecanismos a prueba de errores para prevenir defectos en el proceso.

Beneficios del Lean Manufacturing

La implementación efectiva del Lean Manufacturing puede conducir a una serie de beneficios tangibles para las organizaciones, incluyendo:

Reducción de Costos: Eliminación de desperdicios y optimización de procesos que conducen a una reducción de costos operativos.

Mejora de la Calidad: Enfoque en la eliminación de defectos y la creación de procesos más eficientes y confiables.

Aumento de la Productividad: Simplificación de los procesos y reducción de los tiempos de ciclo que aumentan la eficiencia y la productividad.

Mejora de los Plazos de Entrega: Producción JIT que permite una respuesta más rápida a la demanda del cliente y una reducción de los tiempos de entrega.

Mejora de la Satisfacción del Cliente: Entrega de productos de alta calidad de manera oportuna que aumenta la satisfacción y la lealtad del cliente.

Mejora Continua

La Mejora Continua, también conocida como Kaizen, es un proceso sistemático y constante de mejora de los procesos, productos y servicios. Los principios fundamentales de la Mejora Continua incluyen:

Compromiso de la Dirección: La alta dirección debe liderar el camino y mostrar un compromiso claro con la mejora continua.

Participación de los Empleados: Todos los empleados deben estar involucrados en la identificación y resolución de problemas en sus áreas de trabajo.

Enfoque en la Mejora Incremental: Pequeñas mejoras graduales en lugar de grandes cambios disruptivos.

Medición y Evaluación Constantes: El progreso y los resultados deben ser medidos y evaluados regularmente utilizando datos y métricas clave.

Herramientas y Técnicas de Mejora Continua

La Mejora Continua se basa en una variedad de herramientas y técnicas para identificar, analizar y abordar problemas en los procesos de trabajo. Estas incluyen:

Diagrama de Ishikawa (Espina de Pescado): Identifica las posibles causas de un problema y visualiza sus relaciones.

Diagrama de Pareto: Prioriza los problemas identificados según su impacto en los resultados.

Análisis de Causa Raíz: Identifica las causas fundamentales de un problema y desarrolla soluciones efectivas.

Círculos de Calidad: Grupos de empleados que se reúnen regularmente para identificar y resolver problemas en sus áreas de trabajo.

Benchmarking: Comparación de procesos y resultados con otras organizaciones líderes en la industria.

Cultura de Mejora Continua

Una cultura de mejora continua es esencial para el éxito a largo plazo de cualquier iniciativa de mejora continua. Los elementos clave incluyen:

Liderazgo Inspirador: Los líderes deben inspirar a sus equipos a buscar la excelencia y la mejora constante.

Empoderamiento de los Empleados: Los empleados deben sentirse capacitados para proponer ideas y soluciones para mejorar los procesos.

Fomento de la Experimentación: La toma de riesgos controlados y la experimentación son fundamentales para la innovación y la mejora continua.

Reconocimiento y Recompensa: El reconocimiento y la recompensa del esfuerzo y los logros en la mejora continua son esenciales para mantener la motivación y el compromiso.

Aplicaciones y Casos de Estudio

Aplicaciones del Lean Manufacturing

El Lean Manufacturing se ha aplicado con éxito en una amplia gama de industrias y sectores, incluyendo la manufactura, la salud, los servicios financieros y la tecnología. Ejemplos de empresas que han implementado con éxito el Lean Manufacturing incluyen Toyota, GE, Amazon y Nike.

Casos de Éxito en Mejora Continua

Empresas de todo el mundo han utilizado con éxito la Mejora Continua para mejorar sus procesos y resultados. Ejemplos de casos de éxito incluyen la reducción del tiempo de ciclo en líneas de producción, la mejora de la calidad del producto y la optimización de los procesos logísticos.

Conclusión

El Lean Manufacturing y la Mejora Continua son enfoques poderosos para mejorar la eficiencia, la calidad y la competitividad en la industria manufacturera y más allá. Al adoptar estos enfoques y fomentar una cultura de mejora continua, las organizaciones pueden adaptarse con éxito a los desafíos del mercado y seguir siendo líderes en su entorno empresarial.

DISEÑO PARA LA MANUFACTURA

En el entorno competitivo de la industria manufacturera, el diseño de productos juega un papel crucial en el éxito empresarial. El Diseño para la Manufactura (DfM) emerge como una metodología esencial que busca integrar consideraciones de fabricación desde las etapas iniciales del proceso de diseño. Este capítulo proporciona una exploración exhaustiva de los principios, herramientas y técnicas del DfM, destacando su impacto en la eficiencia y competitividad de las empresas manufactureras.

Fundamentos del Diseño para la Manufactura

El Diseño para la Manufactura (DfM) se fundamenta en una serie de principios esenciales que guían la integración efectiva de consideraciones de fabricación en el proceso de diseño de productos. Profundicemos en cada uno de estos principios:

Simplicidad y Elegancia en el Diseño: La simplicidad en el diseño no solo reduce la complejidad de fabricación, sino que también mejora la usabilidad y la estética del producto. La elegancia en el diseño se refiere a la capacidad de lograr un equilibrio armonioso entre la forma y la función, optimizando tanto la estética como la funcionalidad del producto.

Optimización de Tolerancias y Especificaciones: Las tolerancias y especificaciones de diseño deben ser cuidadosamente evaluadas y optimizadas para garantizar la fabricabilidad del producto. Esto implica especificar tolerancias dimensionales y geométricas que sean adecuadas para los procesos de fabricación disponibles, evitando la sobre especificación que pueda conducir a costos innecesarios.

Selección Estratégica de Materiales: La selección de materiales es un aspecto crítico del diseño para la manufactura. Los diseñadores deben considerar no solo las propiedades mecánicas y químicas de los materiales, sino también su disponibilidad, costo y capacidad de fabricación. La elección de materiales adecuados puede tener un impacto significativo en la fabricabilidad, el rendimiento y la durabilidad del producto.

Consideraciones de Montaje y Desmontaje: El diseño de productos debe facilitar tanto el ensamblaje como el desmontaje, minimizando la necesidad de herramientas especializadas y simplificando el proceso de mantenimiento y reparación. Esto implica el diseño de interfaces de ensamblaje que sean intuitivas y accesibles, así como la minimización del número de componentes y la estandarización de las conexiones.

Factores a Considerar en el Diseño para la Manufactura

El proceso de diseño de productos debe tener en cuenta una amplia gama de factores que afectan la fabricación y calidad del producto final. Algunos de los factores más importantes a considerar incluyen:

Ergonomía y Experiencia del Usuario: El diseño de productos debe tener en cuenta las necesidades y preferencias del usuario final, garantizando que el producto sea cómodo, seguro y fácil de usar. Esto implica la consideración de factores ergonómicos como el tamaño, la forma y la ubicación de los controles, así como la optimización de la experiencia del usuario a través de interfaces intuitivas y eficientes.

Estándares de Calidad y Seguridad: Cumplir con los estándares de calidad y seguridad es fundamental para garantizar la satisfacción del cliente y la reputación de la marca. Los diseñadores deben tener en cuenta los requisitos reglamentarios y normativos aplicables, así como las mejores prácticas de la industria en términos de calidad y seguridad del producto.

Compatibilidad con Procesos de Fabricación: El diseño de productos debe ser compatible con los procesos de fabricación disponibles, minimizando así la necesidad de inversiones adicionales en equipos o tecnologías. Esto implica la selección de procesos de fabricación adecuados y la optimización del diseño para maximizar la eficiencia y la calidad del proceso de fabricación.

Análisis de Ciclo de Vida: Considerar el impacto ambiental de los productos a lo largo de su ciclo de vida es esencial para promover la sostenibilidad y la responsabilidad social corporativa. Esto implica la evaluación de los impactos ambientales asociados con la extracción de materias primas, la fabricación, el uso y el eventual desecho del producto, y la implementación de medidas para minimizar estos impactos en todas las etapas del ciclo de vida del producto.

Herramientas y Métodos para el Diseño para la Manufactura

Una variedad de herramientas y métodos están disponibles para ayudar a los diseñadores a optimizar el diseño de productos para la fabricación. Algunas de las herramientas y métodos más comunes incluyen:

Análisis de Valor (AV): El análisis de valor es una técnica que se utiliza para evaluar la relación entre el costo y el rendimiento de un producto, identificar áreas de mejora y optimizar el diseño para maximizar el valor percibido por el cliente.

Análisis de Modo y Efecto de Falla (AMEF): El análisis de modo y efecto de falla es una metodología que se utiliza para identificar posibles modos de falla en el diseño de productos y desarrollar medidas preventivas para mitigar su impacto.

Simulación de Procesos de Fabricación: La simulación de procesos de fabricación es una herramienta poderosa que se utiliza para predecir el comportamiento de los productos durante el proceso de fabricación y optimizar su diseño en consecuencia. Esto puede incluir la simulación de procesos de mecanizado, formado, ensamblaje y acabado para identificar posibles problemas y realizar mejoras antes de la producción en masa.

Prototipado Rápido: El prototipado rápido es una técnica que se utiliza para construir prototipos físicos de productos utilizando tecnologías de fabricación aditiva como la impresión 3D. Esto permite a los diseñadores evaluar la funcionalidad y manufacturabilidad del producto antes de la producción en masa, identificar posibles problemas y realizar ajustes en el diseño según sea necesario.

Optimización del Proceso de Fabricación

La optimización del proceso de fabricación es un aspecto clave del Diseño para la

Manufactura que busca mejorar la eficiencia y reducir los costos de producción. Algunas estrategias comunes de optimización del proceso de fabricación incluyen:

Automatización y Robótica: La automatización y la robótica se utilizan para realizar tareas repetitivas y laboriosas de manera eficiente y precisa, reduciendo los tiempos de ciclo y mejorando la calidad del producto. Esto puede incluir la implementación de sistemas de automatización de ensamblaje, sistemas de manipulación robótica y sistemas de control de calidad automatizados.

Justo a Tiempo (JIT): El enfoque Justo a Tiempo (JIT) implica la entrega de materias primas, componentes y productos terminados en el momento exacto en que son necesarios, minimizando así el inventario y los tiempos de espera y reduciendo los costos asociados con el almacenamiento y la gestión de inventario.

Fabricación Celular: La fabricación celular implica la organización de la planta de fabricación en celdas de producción autónomas que pueden fabricar productos completos o subconjuntos de productos de manera eficiente y flexible. Esto puede mejorar la comunicación y coordinación entre los trabajadores, reducir los tiempos de ciclo y mejorar la calidad del producto final.

Mejora Continua: La mejora continua es un proceso sistemático que busca identificar y eliminar desperdicios y defectos en el proceso de fabricación. Esto puede incluir la implementación de programas como Lean Manufacturing y Seis Sigma, así como la realización de análisis de causa raíz y la implementación de medidas correctivas y preventivas para mejorar continuamente la eficiencia y calidad del proceso de fabricación.

Casos de Estudio y Ejemplos Prácticos

Para ilustrar la aplicación práctica de los conceptos y técnicas discutidos, presentaremos varios casos de estudio y ejemplos concretos de Diseño para la Manufactura en acción. Estos casos proporcionarán una visión detallada de cómo el DfM puede ser implementado con éxito en una variedad de industrias y contextos, destacando los beneficios tangibles que puede generar para las empresas manufactureras.

Retos y Futuras Tendencias en el Diseño para la Manufactura

Si bien el Diseño para la Manufactura ofrece numerosos beneficios, también enfrenta una serie de retos y debe adaptarse a las tendencias emergentes y las demandas cambiantes del mercado. Algunos de los retos y tendencias futuras más importantes incluyen:

Innovación Tecnológica: La rápida evolución de la tecnología está transformando la industria manufacturera, con avances en áreas como la inteligencia artificial, la fabricación aditiva y la Internet de las cosas que ofrecen nuevas oportunidades y desafíos para el Diseño para la Manufactura.

Globalización: La globalización está redefiniendo el panorama competitivo de la industria manufacturera, con cadenas de suministro cada vez más globales y una creciente competencia de empresas de todo el mundo. Los diseñadores deben adaptarse a este entorno cambiante y buscar oportunidades para colaborar con socios y proveedores internacionales.

Sostenibilidad y Responsabilidad Social: La sostenibilidad y la responsabilidad social están ganando cada vez más importancia en la industria manufacturera, con consumidores y reguladores que exigen productos y procesos de fabricación más sostenibles y respetuosos con el medio ambiente.

Personalización y Co-creación: La demanda de productos personalizados y la co-creación con los clientes están cambiando la forma en que se diseñan y fabrican los productos, con un énfasis creciente en la flexibilidad y la capacidad de respuesta a las necesidades individuales de los clientes.

Conclusión

El Diseño para la Manufactura es una disciplina fundamental en la industria manufacturera que busca optimizar el diseño de productos para facilitar su fabricación y mejorar su calidad y eficiencia. Al adoptar un enfoque sistemático y centrado en el cliente, las empresas pueden reducir costos, acelerar los tiempos de lanzamiento al mercado y mantenerse competitivas en un entorno empresarial cada vez más exigente. Al continuar explorando y adoptando las mejores prácticas en el Diseño para la Manufactura, las empresas pueden contribuir al avance de la industria manufacturera en general.

INGENIERÍA CONCURRENTE

En un entorno empresarial altamente competitivo y en constante evolución, la Ingeniería Concurrente (IC) se ha convertido en un enfoque fundamental para el desarrollo eficiente y efectivo de productos. Este enfoque estratégico busca reducir los tiempos de comercialización, optimizar los costos y mejorar la calidad al integrar simultáneamente actividades de diseño, fabricación y otras fases del ciclo de vida del producto. En este capítulo, exploraremos en profundidad los principios, estrategias, herramientas y aplicaciones de la Ingeniería Concurrente, destacando su importancia en la innovación y competitividad en la industria moderna.

La Ingeniería Concurrente se basa en una serie de principios fundamentales que guían su aplicación efectiva en el desarrollo de productos:

Integración de Procesos: En contraposición al enfoque tradicional secuencial, donde cada etapa del proceso de desarrollo de productos se realiza de forma independiente y secuencial, la IC promueve la integración simultánea de actividades. Esto significa que las diferentes etapas, como diseño, fabricación, ensamblaje y pruebas, se llevan a cabo de manera colaborativa y coordinada desde el principio hasta el final del proceso de desarrollo.

Comunicación y Colaboración: La IC enfatiza la importancia de una comunicación abierta y una colaboración efectiva entre los equipos multidisciplinarios involucrados en el desarrollo de productos. Al fomentar una cultura de trabajo en equipo y compartir conocimientos y recursos, se puede optimizar el proceso de toma de decisiones y minimizar los retrasos y errores.

Enfoque en el Cliente: Un aspecto fundamental de la IC es la orientación hacia el cliente. Esto implica comprender las necesidades, expectativas y deseos del cliente desde el principio y asegurarse de que el producto final cumpla con estos requisitos de manera efectiva. Al poner al cliente en el centro del proceso de desarrollo, se pueden crear productos que generen mayor satisfacción y lealtad.

Flexibilidad y Adaptabilidad: Dado el entorno empresarial dinámico y cambiante en el que operan las organizaciones, la IC reconoce la importancia de la flexibilidad y la adaptabilidad. Esto significa estar preparado para ajustar y modificar el proceso de desarrollo según sea necesario en respuesta a cambios en los requisitos del cliente, avances tecnológicos, fluctuaciones del mercado u otros factores externos.

Estrategias y Herramientas de la Ingeniería Concurrente

Para implementar con éxito la Ingeniería Concurrente, las organizaciones pueden recurrir a una variedad de estrategias y herramientas, entre las que se incluyen:

Equipos Multifuncionales: La formación de equipos multidisciplinarios que incluyan representantes de diferentes áreas funcionales, como diseño, ingeniería, fabricación, marketing y servicio al cliente, es fundamental para el éxito de la IC. Estos equipos colaborativos pueden trabajar juntos para abordar desafíos complejos y tomar decisiones informadas que beneficien al producto final.

Diseño para la Manufactura (DfM): Integrar consideraciones de fabricación en las primeras etapas del proceso de diseño es esencial para optimizar la fabricabilidad y la eficiencia de producción del producto. El DfM busca identificar y abordar posibles problemas de fabricación desde el principio, lo que ayuda a reducir costos y tiempos de desarrollo.

Prototipado Rápido y Simulación: El uso de técnicas de prototipado rápido, como la impresión 3D, permite a los equipos crear y probar rápidamente prototipos de productos antes de la producción en masa. Esto facilita la detección temprana de errores de diseño y la realización de ajustes necesarios. Además, la simulación de procesos y comportamientos del producto ayuda a prever y resolver problemas potenciales antes de que se conviertan en problemas reales durante la producción.

Gestión de la Cadena de Suministro: La IC requiere una cadena de suministro eficiente y bien gestionada para garantizar la disponibilidad oportuna de materias primas y componentes necesarios para la fabricación. La colaboración estrecha con proveedores y socios estratégicos es fundamental para optimizar la cadena de suministro y minimizar los riesgos de interrupciones.

Ventajas y Desafíos de la Ingeniería Concurrente

La Ingeniería Concurrente ofrece una serie de ventajas significativas para las organizaciones que la implementan, pero también presenta desafíos que deben ser abordados:

Ventajas:

Reducción del Tiempo de Lanzamiento al Mercado: La IC permite acortar el tiempo necesario para llevar un producto al mercado, lo que permite a las empresas responder más rápidamente a las demandas cambiantes del mercado y ganar una ventaja competitiva.

Reducción de Costos: Al integrar actividades y optimizar procesos, la IC puede ayudar a reducir los costos de desarrollo, fabricación y distribución de productos, mejorando así la rentabilidad y el retorno de la inversión.

Mejora de la Calidad: Al facilitar la comunicación y colaboración entre los equipos funcionales, la IC puede ayudar a identificar y resolver problemas de diseño y fabricación antes de que afecten la calidad del producto final.

Desafíos:

Cambio Cultural: Implementar la IC puede requerir un cambio cultural significativo dentro de la organización, ya que implica superar las barreras departamentales y fomentar la colaboración entre equipos que tradicionalmente han operado de manera independiente.

Coordinación y Gestión de Proyectos: Coordinar actividades y gestionar proyectos en un entorno de IC puede ser complejo y requerir habilidades de gestión avanzadas, así como el uso efectivo de herramientas de colaboración y seguimiento de proyectos.

Gestión de Riesgos: La IC puede aumentar la exposición a riesgos potenciales, como retrasos en el desarrollo, problemas de calidad y conflictos entre equipos, que deben ser identificados y gestionados de manera proactiva para minimizar su impacto en el proceso de desarrollo de productos.

Aplicaciones de la Ingeniería Concurrente

La Ingeniería Concurrente se aplica en una amplia variedad de industrias y contextos, incluyendo:

Automoción: En la industria automotriz, la IC se utiliza para acelerar el desarrollo de nuevos modelos de vehículos, reducir los costos de fabricación y mejorar la calidad y fiabilidad de los productos.

Electrónica de Consumo: En la electrónica de consumo, la IC se utiliza para desarrollar productos innovadores que se lancen al mercado rápidamente y cumplan con las expectativas de los consumidores en términos de diseño, rendimiento y funcionalidad.

Aeroespacial y Defensa: En la industria aeroespacial y de defensa, la IC se utiliza para desarrollar sistemas complejos y altamente integrados que cumplan con los requisitos de rendimiento, seguridad y confiabilidad en un entorno altamente regulado y exigente.

Tecnología de la Información: En la industria de la tecnología de la información, la IC se utiliza para desarrollar software y sistemas informáticos que se adapten rápidamente a las cambiantes demandas del mercado y proporcionen soluciones innovadoras y de alta calidad a los clientes.

Casos de Estudio y Ejemplos Prácticos

Para ilustrar la aplicación práctica de la Ingeniería Concurrente, presentaremos varios casos de estudio y ejemplos concretos en diversas industrias y contextos. Estos casos proporcionarán una visión detallada de cómo la IC puede ser implementada con éxito para acelerar el desarrollo de productos, reducir los costos y mejorar la calidad y la competitividad en el mercado.

Futuras Tendencias y Direcciones en la Ingeniería Concurrente

La Ingeniería Concurrente continúa evolucionando en respuesta a las tendencias emergentes y las demandas cambiantes del mercado. Algunas de las futuras tendencias y direcciones en la IC incluyen:

Integración de Tecnologías Emergentes: La integración de tecnologías emergentes como la inteligencia artificial, la realidad aumentada y la fabricación aditiva está transformando la forma en que se desarrollan y fabrican los productos, permitiendo un enfoque aún más integrado y colaborativo en la IC.

Enfoque en la Sostenibilidad: La creciente conciencia sobre los desafíos ambientales está impulsando un mayor enfoque en la sostenibilidad en el desarrollo de productos, lo que lleva a la integración de consideraciones ambientales y sociales en la IC para minimizar el impacto ambiental y promover la responsabilidad social corporativa.

Colaboración Global: La globalización está dando lugar a equipos de desarrollo de productos distribuidos geográficamente, lo que requiere una mayor colaboración y coordinación entre equipos en diferentes ubicaciones para implementar con éxito la IC a escala global.

Personalización y Co-creación: La demanda de productos personalizados y la co-creación con los clientes están impulsando un enfoque más centrado en el usuario en la IC, con un énfasis en comprender las necesidades individuales de los clientes y diseñar productos que se adapten a sus preferencias y requisitos específicos.

Conclusión

La Ingeniería Concurrente es una metodología poderosa que permite a las empresas acelerar el desarrollo de productos, reducir los costos y mejorar la calidad y la competitividad en el mercado. Al integrar actividades de diseño, fabricación y otros procesos relacionados de manera simultánea y colaborativa, la IC proporciona un marco efectivo para innovar y responder rápidamente a las demandas del mercado en constante cambio. Al adoptar la IC como parte de su enfoque de desarrollo de productos, las empresas pueden posicionarse de manera más efectiva para el éxito a largo.

SISTEMAS DE MANUFACTURA INTEGRADA

En la era actual de la industria, la competitividad y la eficiencia son elementos cruciales para el éxito empresarial. Los sistemas de manufactura integrada han emergido como una respuesta efectiva a la creciente demanda de optimización de procesos y recursos en la producción industrial. Este capítulo tiene como objetivo explorar en profundidad qué son los sistemas de manufactura integrada, cómo funcionan y cuáles son sus beneficios y desafíos.

Los sistemas de manufactura integrada son sistemas que combinan tecnologías, procesos y recursos humanos dentro de una organización para optimizar la producción y mejorar la eficiencia. Se centran en la integración y coordinación de todas las etapas del proceso de fabricación, desde la concepción y diseño del producto hasta su entrega al cliente final. La integración puede abarcar aspectos tanto físicos como virtuales de la producción, con el objetivo de lograr una operación sin problemas y altamente eficiente.

Componentes de los Sistemas de Manufactura Integrada

Automatización de Procesos

La automatización desempeña un papel central en los sistemas de manufactura integrada. Implica el uso de tecnologías avanzadas, como robots industriales, sistemas de control numérico computarizado (CNC), sistemas de visión artificial y sistemas de transporte automatizado, para realizar tareas repetitivas y tediosas de manera eficiente y precisa. La automatización no solo aumenta la velocidad y la precisión de la producción, sino que también reduce los errores humanos y el tiempo de inactividad, lo que lleva a una mejora general en la productividad.

Integración de Sistemas de Información

La integración de sistemas de información es otro componente clave de los sistemas de manufactura integrada. Implica la conexión y sincronización de diferentes sistemas de software, como el diseño asistido por computadora (CAD), la fabricación asistida por computadora (CAM) y los sistemas de planificación de recursos empresariales (ERP), para permitir el intercambio de datos en tiempo real. Esta integración facilita la coordinación de actividades en toda la cadena de suministro, desde la adquisición de materias primas hasta la distribución de productos terminados, lo que conduce a una mayor visibilidad, control y eficiencia en toda la operación.

Flexibilidad y Agilidad

Los sistemas de manufactura integrada están diseñados para ser flexibles y adaptables a los cambios en la demanda del mercado y los requisitos de producción. Esto se logra mediante la implementación de tecnologías como la fabricación aditiva (impresión 3D), la fabricación flexible y la producción bajo demanda. La fabricación aditiva, en particular, ha revolucionado la forma en que se diseñan y producen los productos, permitiendo la fabricación de piezas complejas y personalizadas con mayor rapidez y eficiencia.

Optimización de Procesos

La optimización de procesos es un objetivo fundamental de los sistemas de manufactura integrada. Esto implica la identificación y eliminación de cuellos de botella, redundancias y actividades no productivas en el proceso de fabricación. Mediante el uso de técnicas como la simulación de procesos, el análisis de datos y la optimización de la cadena de suministro, las organizaciones pueden mejorar continuamente la eficiencia y la rentabilidad de sus operaciones.

Colaboración Humano-Máquina

A pesar del énfasis en la automatización y la tecnología, los sistemas de manufactura integrada también reconocen la importancia de la colaboración entre humanos y máquinas. Los trabajadores siguen desempeñando un papel crucial en la supervisión, el mantenimiento y la optimización de los sistemas automatizados, así como en la resolución de problemas y la toma de decisiones que requieren juicio humano y experiencia.

Beneficios de los Sistemas de Manufactura Integrada

Mejora de la Eficiencia y la Productividad

La integración de sistemas y procesos permite una mayor eficiencia y productividad en la producción. La automatización de tareas repetitivas y la optimización de procesos reducen los tiempos de ciclo y los costos operativos, lo que lleva a una producción más rápida y rentable.

Mayor Calidad del Producto

La estandarización y la automatización de procesos contribuyen a una mayor consistencia y calidad del producto. La integración de sistemas de control de calidad y la retroalimentación en tiempo real permiten la detección temprana de defectos y la corrección rápida de problemas, lo que resulta en productos finales de alta calidad y satisfacción del cliente.

Reducción de Desperdicios y Costos

Los sistemas de manufactura integrada están diseñados para minimizar los desperdicios y optimizar el uso de recursos, lo que conduce a una reducción significativa de los costos operativos y ambientales. La optimización de la cadena de suministro y la gestión eficiente de inventario ayudan a evitar el exceso de existencias y reducir los costos asociados con el almacenamiento y el transporte.

Mayor Flexibilidad y Adaptabilidad

La capacidad de adaptarse rápidamente a los cambios en el mercado y los requisitos de producción es fundamental en un entorno empresarial dinámico y competitivo. Los sistemas de manufactura integrada permiten una producción ágil y flexible, que puede ajustarse según la demanda del cliente y las condiciones del mercado, lo que garantiza la competitividad a largo plazo de la organización.

Innovación y Diferenciación

La integración de tecnologías avanzadas y procesos innovadores en los sistemas de manufactura integrada permite a las organizaciones diferenciarse en el mercado y mantenerse a la vanguardia de la innovación. La capacidad de desarrollar y producir productos personalizados y de alta calidad de manera eficiente puede ser un factor clave para el éxito en industrias altamente competitivas.

Desafíos de los Sistemas de Manufactura Integrada

A pesar de los numerosos beneficios que ofrecen, los sistemas de manufactura integrada también enfrentan varios desafíos que deben abordarse:

Costo de Implementación y Mantenimiento

La implementación y el mantenimiento de sistemas de manufactura integrada pueden ser costosos, ya que requieren inversiones significativas en tecnología, capacitación de personal y reestructuración de procesos. Además, los costos asociados con el mantenimiento y la actualización continua de la tecnología pueden ser una carga financiera adicional para las organizaciones.

Complejidad Tecnológica y de Integración

La integración de múltiples sistemas y tecnologías puede resultar en una mayor complejidad técnica, lo que puede dificultar la implementación y el mantenimiento de los sistemas de manufactura integrada. La interoperabilidad entre diferentes sistemas y la estandarización de protocolos de comunicación son desafíos importantes que deben abordarse para garantizar una integración sin problemas.

Resistencia al Cambio y Capacitación del Personal

La adopción de nuevos sistemas y procesos puede encontrar resistencia por parte de los empleados que están acostumbrados a formas de trabajo más tradicionales. Es importante ofrecer capacitación y apoyo adecuados para garantizar una transición suave y exitosa hacia los sistemas de manufactura integrada. La capacitación del personal en el uso de nuevas tecnologías y procesos es fundamental para maximizar los beneficios y minimizar los riesgos asociados con la implementación de sistemas de manufactura integrada.

Seguridad y Ciberseguridad

La creciente interconexión de dispositivos y sistemas en los sistemas de manufactura integrada aumenta el riesgo de ciberataques y violaciones de seguridad. Es fundamental implementar medidas de seguridad robustas, como firewalls, cifrado de datos y protocolos de autenticación, para proteger los sistemas y datos críticos contra amenazas internas y externas.

Gestión del Cambio Organizacional

La implementación de sistemas de manufactura integrada no solo implica cambios tecnológicos, sino también cambios organizativos y culturales. Es importante contar con un liderazgo sólido y una estrategia de gestión del cambio efectiva para garantizar la aceptación y adopción exitosa de los nuevos sistemas y procesos por parte de todos los miembros de la organización.

Conclusiones

En resumen, los sistemas de manufactura integrada son una herramienta poderosa para mejorar la eficiencia, la calidad y la flexibilidad en los procesos de producción. Al integrar tecnologías avanzadas, procesos optimizados y colaboración humana-máquina, las organizaciones pueden lograr una mayor competitividad y éxito empresarial en un entorno empresarial en constante cambio. Sin embargo, la implementación exitosa de sistemas de manufactura integrada requiere una planificación cuidadosa, una inversión significativa y un enfoque centrado en las personas. Con el avance continuo de la tecnología y la evolución de las prácticas empresariales, se espera que los sistemas de manufactura integrada sigan desempeñando un papel crucial en la mejora de la competitividad y el éxito empresarial.

GESTIÓN DE LA CADENA DE SUMINISTRO EN LA MANUFACTURA

En el complejo panorama empresarial actual, la gestión efectiva de la cadena de suministro se ha convertido en un factor crítico para el éxito de las empresas manufactureras. Este capítulo aborda en profundidad la gestión de la cadena de suministro en el contexto de la manufactura, explorando su definición, importancia, procesos clave, estrategias de optimización y desafíos enfrentados.

Definición y Alcance de la Gestión de la Cadena de Suministro en la Manufactura

La gestión de la cadena de suministro en la manufactura abarca todas las actividades relacionadas con la adquisición, producción, almacenamiento y distribución de materias primas, productos semiacabados y productos terminados, desde los proveedores hasta los clientes finales. Este proceso implica la planificación, coordinación y control de las actividades a lo largo de toda la cadena de valor para garantizar la entrega oportuna de productos de calidad a los clientes.

Procesos Clave de la Gestión de la Cadena de Suministro en la Manufactura

Planificación de la Demanda y la Oferta

La planificación de la demanda y la oferta es un primer paso crítico en la gestión de la cadena de suministro en la manufactura. Implica la previsión de la demanda futura de productos y la planificación de la producción en consecuencia para satisfacer esa demanda. Esto se logra mediante el análisis de datos históricos de ventas, tendencias del mercado, pronósticos de la demanda y la colaboración con clientes y proveedores para desarrollar un plan de producción preciso y eficiente.

Gestión de la Relación con Proveedores

La gestión de la relación con proveedores es esencial para asegurar un suministro confiable y oportuno de materias primas y componentes. Esto implica la selección y evaluación de proveedores, la negociación de términos y condiciones de compra, la gestión de contratos y la colaboración en la mejora continua de la calidad y la eficiencia.

Gestión de Inventarios

La gestión de inventarios es un proceso fundamental en la gestión de la cadena de suministro en la manufactura. Implica el seguimiento y control de los niveles de inventario de materias primas, productos semiacabados y productos terminados para evitar escasez o exceso de existencias. Estrategias como el just-in-time (JIT), la gestión de inventarios basada en la demanda y el uso de sistemas de gestión de inventarios ayudan a minimizar los costos de almacenamiento y maximizar la disponibilidad de productos.

Producción y Fabricación

La producción y fabricación son procesos centrales en la gestión de la cadena de suministro en la manufactura. Implica la transformación de materias primas en productos terminados mediante procesos de fabricación eficientes y rentables. La optimización de la producción, la programación de la mano de obra y la maquinaria, y el control de calidad son aspectos clave de este proceso.

Logística y Distribución

La logística y distribución se refieren al transporte y almacenamiento de productos terminados desde la planta de fabricación hasta el cliente final. Esto incluye la gestión de almacenes, la planificación de rutas de transporte, la selección de transportistas y la entrega oportuna de productos a los clientes. La optimización de la logística y distribución es fundamental para garantizar la satisfacción del cliente y minimizar los costos operativos.

Estrategias Clave en la Gestión de la Cadena de Suministro en la Manufactura

Colaboración y Visibilidad en la Cadena de Suministro

La colaboración estrecha y la visibilidad en toda la cadena de suministro son fundamentales para una gestión efectiva. Esto implica compartir información en tiempo real con proveedores y clientes, establecer relaciones sólidas y trabajar en conjunto para mejorar la eficiencia y la calidad en toda la cadena de suministro.

Uso de Tecnología de la Información

El uso de tecnología de la información, como sistemas de planificación de recursos empresariales (ERP), sistemas de gestión de la cadena de suministro (SCM) y sistemas de gestión de inventarios, es esencial para optimizar los procesos y la visibilidad en la cadena de suministro. Estas herramientas proporcionan información en tiempo real sobre la demanda, el inventario y la producción, lo que permite una toma de decisiones más informada y ágil.

Implementación de Prácticas de Manufactura Lean

La implementación de prácticas de manufactura lean es una estrategia efectiva para eliminar desperdicios y mejorar la eficiencia en la cadena de suministro. Esto incluye la identificación y eliminación de actividades que no agregan valor, la reducción de los tiempos de ciclo, la optimización de los flujos de trabajo y la mejora continua de los procesos.

Gestión de Riesgos y Resiliencia de la Cadena de Suministro

La gestión de riesgos y la resiliencia de la cadena de suministro son aspectos críticos en un entorno empresarial cada vez más volátil y globalizado. Esto implica identificar y mitigar riesgos potenciales, como interrupciones en la cadena de suministro, cambios en las condiciones del mercado y desastres naturales, y desarrollar planes de contingencia para garantizar la continuidad del negocio.

Importancia de la Gestión de la Cadena de Suministro en la Manufactura

La gestión eficaz de la cadena de suministro en la manufactura es esencial por varias razones:

Mejora de la Eficiencia y la Productividad: Una gestión eficaz de la cadena de suministro permite una producción más eficiente y rentable al minimizar los tiempos de espera, reducir los costos de inventario y optimizar los flujos de trabajo.

Satisfacción del Cliente: Una cadena de suministro bien gestionada garantiza la disponibilidad oportuna de productos de alta calidad para satisfacer las necesidades y expectativas de los clientes, lo que contribuye a la lealtad del cliente y la reputación de la marca.

Reducción de Costos y Desperdicios: La optimización de la cadena de suministro ayuda a minimizar los costos operativos y los desperdicios al eliminar actividades innecesarias, reducir los excesos de inventario y mejorar la eficiencia en toda la cadena de valor.

Agilidad y Adaptabilidad: Una cadena de suministro ágil y adaptable puede responder rápidamente a los cambios en la demanda del mercado, las condiciones económicas y los eventos imprevistos, lo que permite a las organizaciones mantenerse competitivas en un entorno empresarial dinámico y cambiante.

Desafíos en la Gestión de la Cadena de Suministro en la Manufactura

A pesar de su importancia, la gestión de la cadena de suministro en la manufactura enfrenta varios desafíos:

Complejidad y Fragmentación: Las cadenas de suministro en la manufactura suelen ser largas y complejas, con múltiples proveedores, ubicaciones de producción y canales de distribución, lo que dificulta la coordinación y el control de extremo a extremo.

Volatilidad y Riesgos: La volatilidad en los mercados globales, los cambios en la demanda del mercado, los problemas políticos y económicos, y los desastres naturales representan riesgos significativos para la gestión de la cadena de suministro, que deben ser gestionados y mitigados de manera efectiva.

Tecnología y Transformación Digital: Si bien la tecnología de la información puede mejorar la eficiencia y la visibilidad en la cadena de suministro, la implementación y adopción de nuevas tecnologías pueden ser costosas y complejas, y requerir una curva de aprendizaje significativa para el personal.

Gestión del Cambio Organizacional: La implementación de nuevas estrategias y procesos en la gestión de la cadena de suministro puede encontrar resistencia por parte de los empleados y requerir una gestión cuidadosa del cambio para garantizar una adopción exitosa y una mejora continua.

Sostenibilidad y Responsabilidad Social Corporativa: El aumento de la conciencia ambiental y social ha llevado a una mayor presión sobre las empresas manufactureras para adoptar prácticas sostenibles y éticas en su cadena de suministro. Esto incluye la reducción de emisiones de carbono, la gestión responsable de recursos naturales y el respeto de los derechos humanos en toda la cadena de suministro.

Conclusión

En resumen, la gestión efectiva de la cadena de suministro en la manufactura es fundamental para el éxito empresarial en el entorno empresarial actual. Al optimizar los procesos, mejorar la colaboración y la visibilidad, y abordar los desafíos existentes, las organizaciones pueden mejorar la eficiencia, reducir los costos y satisfacer las demandas cambiantes del mercado. Sin embargo, la gestión de la cadena de suministro en la manufactura enfrenta desafíos significativos que requieren un enfoque estratégico y una gestión proactiva para superarlos con éxito. Con una estrategia sólida, colaboración con socios de la cadena de suministro y enfoque en la innovación y la mejora continua, las organizaciones pueden aprovechar al máximo su cadena de suministro y mantenerse competitivas.

TECNOLOGÍAS EMERGENTES EN LA MANUFACTURA

La manufactura moderna está experimentando una revolución impulsada por avances tecnológicos innovadores. En este capítulo, exploraremos en profundidad las tecnologías emergentes que están transformando el panorama de la manufactura. Desde la producción aditiva hasta la inteligencia artificial, estas tecnologías están redefiniendo los procesos de fabricación y abriendo nuevas oportunidades para la eficiencia, la calidad y la innovación en la industria.

Producción Aditiva (Impresión 3D)

La producción aditiva, comúnmente conocida como impresión 3D, ha ganado prominencia en la industria manufacturera en las últimas décadas. Esta tecnología revolucionaria permite la fabricación de objetos tridimensionales capa por capa a partir de una variedad de materiales, incluyendo plástico, metal y cerámica. La producción aditiva ofrece numerosos beneficios, como la capacidad de crear piezas complejas con geometrías personalizadas, la reducción de costos y tiempos de producción y la optimización del diseño y la fabricación de prototipos.

La versatilidad de la producción aditiva la hace aplicable en una amplia gama de industrias, incluyendo la automotriz, aeroespacial, médica y de bienes de consumo. En la industria aeroespacial, por ejemplo, la producción aditiva se utiliza para fabricar componentes ligeros y resistentes, reduciendo el peso de los aviones y mejorando la eficiencia del combustible. En la industria médica, se utiliza para fabricar prótesis personalizadas, implantes y dispositivos médicos específicos para cada paciente.

Robótica Avanzada

Los avances en robótica están transformando los procesos de fabricación al mejorar la velocidad, precisión y flexibilidad en la producción. Los robots industriales son utilizados en una amplia gama de aplicaciones, incluyendo soldadura, ensamblaje, manipulación de materiales y inspección de calidad. La integración de sensores, visión artificial y aprendizaje automático permite a los robots adaptarse a entornos cambiantes y realizar tareas más complejas con mayor eficiencia.

La robótica colaborativa, donde los robots trabajan en estrecha colaboración con los humanos, está ganando popularidad en la manufactura. Estos sistemas permiten una colaboración segura y eficiente entre humanos y robots, mejorando la productividad y la seguridad en el lugar de trabajo. Además, los exoesqueletos robóticos están siendo utilizados para mejorar la ergonomía y reducir la fatiga de los trabajadores en tareas físicamente exigentes.

Internet de las Cosas (IoT) y Fabricación Conectada

El Internet de las Cosas (IoT) está revolucionando la manufactura al permitir la conexión y comunicación entre dispositivos, máquinas y sistemas en tiempo real. Esto facilita la monitorización y control remoto de procesos de producción, el mantenimiento predictivo de equipos, la optimización de la cadena de suministro y la personalización de productos.

La fabricación conectada aprovecha el poder del IoT para crear fábricas inteligentes y adaptativas. Los sensores integrados en equipos y máquinas recopilan datos en tiempo real sobre el rendimiento y el estado de los activos. Estos datos son analizados utilizando análisis avanzados y aprendizaje automático para identificar patrones, predecir fallos y optimizar procesos. Esto permite a las empresas tomar decisiones informadas y mejorar continuamente la eficiencia y la calidad en toda la cadena de valor.

Inteligencia Artificial y Aprendizaje Automático

La inteligencia artificial (IA) y el aprendizaje automático están transformando la manufactura al ofrecer capacidades avanzadas de análisis y toma de decisiones. Estas tecnologías permiten la predicción de fallas de equipos, la optimización de procesos de producción, la personalización de productos y la detección de anomalías en la calidad.

Los sistemas de IA y aprendizaje automático pueden analizar grandes volúmenes de datos para identificar patrones y tendencias, proporcionando información valiosa para mejorar la eficiencia y la rentabilidad en la manufactura. Por ejemplo, en la industria automotriz, se utilizan algoritmos de aprendizaje automático para optimizar la programación de la producción y predecir la demanda de vehículos, reduciendo los costos de inventario y mejorando la planificación de la cadena de suministro.

Realidad Virtual y Aumentada

La realidad virtual (RV) y aumentada (RA) están siendo utilizadas en la manufactura para mejorar la capacitación de empleados, el diseño de productos y la visualización de procesos de producción. La RV permite a los trabajadores entrenar en entornos virtuales simulados, mientras que la RA proporciona información contextual y visualización de datos en tiempo real durante las operaciones de fabricación.

Estas tecnologías mejoran la comprensión y eficacia de los trabajadores, reduciendo errores y tiempos de capacitación, y facilitando la colaboración entre equipos distribuidos geográficamente. Por ejemplo, en la industria aeroespacial, se utilizan sistemas de RV para simular montajes complejos y entrenar a los técnicos en procedimientos de ensamblaje de manera segura y eficiente.

Implicaciones de las Tecnologías Emergentes en la Manufactura

Mejora de la Eficiencia y la Productividad: Las tecnologías emergentes permiten una producción más eficiente y rentable al reducir los tiempos de ciclo, minimizar los desperdicios y optimizar los procesos de fabricación.

Mejora de la Calidad y la Innovación: La adopción de tecnologías como la producción aditiva, la IA y el aprendizaje automático permite la fabricación de productos de mayor calidad y la introducción de innovaciones en el diseño y la producción.

Personalización y Flexibilidad: Las tecnologías emergentes facilitan la personalización de productos y la adaptación rápida a las demandas cambiantes del mercado, permitiendo a las empresas satisfacer las necesidades individuales de los clientes y competir en un entorno empresarial dinámico.

Reducción de Costos y Tiempos de Producción: La automatización y optimización de procesos mediante tecnologías emergentes conducen a una reducción de costos operativos y tiempos de producción, mejorando la competitividad y rentabilidad de las empresas manufactureras.

Mejora de la Seguridad y Salud Laboral: La implementación de robots colaborativos y tecnologías de realidad virtual/aumentada en la manufactura mejora la seguridad y salud laboral al reducir la exposición a entornos peligrosos y la realización de tareas repetitivas y físicamente exigentes.

Desafíos y Consideraciones

A pesar de sus numerosos beneficios, la adopción de tecnologías emergentes en la manufactura también presenta desafíos y consideraciones importantes:

Costo de Implementación: La implementación de tecnologías emergentes puede ser costosa, especialmente para pequeñas y medianas empresas (PYMEs), que pueden enfrentar desafíos financieros y de recursos para adoptar nuevas tecnologías.

Gestión del Cambio: La introducción de tecnologías emergentes requiere una gestión cuidadosa del cambio y la capacitación del personal para garantizar una adopción exitosa y una integración efectiva en los procesos existentes.

Seguridad y Privacidad de Datos: La conectividad y el intercambio de datos en la manufactura conectada pueden plantear preocupaciones sobre la seguridad y privacidad de los datos, especialmente en lo que respecta a la propiedad intelectual y la protección de la propiedad industrial.

Impacto en el Empleo y la Fuerza Laboral: Si bien las tecnologías emergentes pueden mejorar la eficiencia y productividad en la manufactura, también plantean preocupaciones sobre el impacto en el empleo y la necesidad de reentrenamiento y desarrollo de habilidades para los trabajadores afectados.

Conclusión

En conclusión, las tecnologías emergentes están transformando la manufactura y ofreciendo nuevas oportunidades para mejorar la eficiencia, la calidad y la innovación en la industria. Desde la producción aditiva hasta la inteligencia artificial, estas tecnologías están revolucionando los procesos de fabricación y cambiando la forma en que las empresas diseñan, producen y entregan productos. Si bien enfrentan desafíos y consideraciones, el potencial de las tecnologías emergentes para impulsar el crecimiento y la competitividad en la manufactura es innegable. Con una planificación estratégica y una implementación cuidadosa, las empresas pueden capitalizar el poder de estas tecnologías para mantenerse a la vanguardia en una realidad en constante evolución.

ROBÓTICA INDUSTRIAL

La robótica industrial ha sido un catalizador clave en la transformación de la manufactura moderna. En este capítulo, exploraremos a fondo la robótica industrial, desde sus fundamentos y aplicaciones hasta sus impactos en la eficiencia, la productividad y la seguridad en el entorno fabril. Al analizar detalladamente esta disciplina, se destacará su importancia en la evolución de la industria manufacturera y su papel en el desarrollo económico global.

Fundamentos de la Robótica Industrial

La robótica industrial se define como el campo de la ingeniería que se encarga del diseño, construcción, operación y aplicación de robots en entornos industriales. Estos robots están diseñados para ejecutar tareas específicas, con un alto grado de precisión y repetibilidad, lo que los hace ideales para una amplia gama de aplicaciones en la producción y fabricación. Los principales componentes de un sistema de robótica industrial incluyen el propio robot, sensores, actuadores, controladores y software de programación.

Tipos de Robots Industriales

Existen diversos tipos de robots industriales, cada uno diseñado para desempeñar funciones específicas en el proceso de manufactura:

Robots Manipuladores: Estos robots son los más comunes en la robótica industrial y se utilizan para manipular objetos en entornos controlados, como ensamblaje, soldadura, pintura y manejo de materiales.

Robots Móviles: Equipados con ruedas, orugas o patas, estos robots pueden moverse libremente por el entorno de trabajo para realizar tareas como transporte de materiales, inspección de seguridad y vigilancia.

Robots Colaborativos: También conocidos como cobots, están diseñados para trabajar de manera segura y colaborativa junto a los humanos en entornos compartidos. Estos robots pueden detectar la presencia humana y detenerse o ralentizarse para evitar colisiones.

Robots Autónomos: Capaces de operar de forma autónoma sin intervención humana, estos robots utilizan sensores avanzados y sistemas de navegación para tomar decisiones y adaptarse a cambios en el entorno.

Aplicaciones de la Robótica Industrial

La robótica industrial se utiliza en una amplia gama de aplicaciones en la manufactura y producción:

Ensamblaje: Los robots manipuladores son utilizados para ensamblar productos complejos, como automóviles, dispositivos electrónicos y muebles, con alta precisión y velocidad.

Soldadura: Los robots soldadores realizan soldaduras de alta calidad en componentes metálicos, como carrocerías de automóviles, estructuras metálicas y tuberías.

Pintura: Los robots pintores aplican pintura en componentes y productos con una cobertura uniforme y consistente, minimizando el desperdicio y mejorando la calidad del acabado.

Manipulación de Materiales: Los robots se encargan de cargar, descargar y trasladar materiales en la línea de producción, optimizando los flujos de trabajo y reduciendo los tiempos de ciclo.

Inspección y Control de Calidad: Equipados con sensores de visión y sistemas de inspección, los robots detectan defectos y realizan controles de calidad en productos manufacturados.

Impacto de la Robótica Industrial

La robótica industrial tiene un impacto significativo en la eficiencia, la productividad y la seguridad en el entorno fabril:

Eficiencia y Productividad Mejoradas: Los robots realizan tareas repetitivas con una precisión y velocidad constantes, lo que aumenta la producción y reduce los tiempos de ciclo en la fabricación.

Reducción de Costos Laborales: La automatización de tareas mediante robots reduce la dependencia de la mano de obra humana y, por ende, los costos asociados con salarios, beneficios y capacitación.

Mejora de la Calidad y Consistencia: Los robots realizan tareas con una precisión y consistencia inigualables, lo que conduce a una mejora en la calidad del producto y una reducción en la variabilidad del proceso de fabricación.

Mayor Seguridad Laboral: La introducción de robots en entornos de trabajo peligrosos o físicamente exigentes reduce el riesgo de lesiones y accidentes para los trabajadores humanos, mejorando la seguridad y salud laboral.

Flexibilidad y Adaptabilidad: Los robots industriales son fácilmente reprogramables y reconfigurables para adaptarse a cambios en la demanda del mercado, introducción de nuevos productos o modificaciones en el proceso de fabricación.

Desafíos y Consideraciones

A pesar de sus numerosos beneficios, la implementación de robótica industrial también presenta desafíos y consideraciones importantes:

Costo Inicial y Retorno de la Inversión: El costo inicial de adquisición e implementación de robots puede ser elevado, lo que requiere una evaluación cuidadosa del retorno de la inversión a largo plazo.

Gestión del Cambio y Capacitación: La introducción de robots en el lugar de trabajo requiere una gestión cuidadosa del cambio y la capacitación del personal para garantizar una transición suave y una adopción exitosa.

Integración con Sistemas Existentes: La integración de robots en sistemas de fabricación existentes puede ser compleja y requerir modificaciones en la infraestructura, equipos y procesos existentes.

Seguridad y Colaboración Humano-Robot: Es crucial implementar medidas de seguridad adecuadas para prevenir colisiones y lesiones en entornos de trabajo compartidos entre humanos y robots.

Consideraciones Éticas y Sociales: La automatización de tareas mediante robots plantea preocupaciones sobre el impacto en el empleo y la necesidad de garantizar una transición justa y equitativa para los trabajadores afectados.

Conclusión

La robótica industrial desempeña un papel fundamental en la evolución de la manufactura moderna. Desde la automatización de tareas repetitivas hasta la mejora de la eficiencia y la seguridad en el lugar de trabajo, los robots industriales ofrecen numerosos beneficios para las empresas manufactureras. Sin embargo, la implementación exitosa de robótica industrial requiere una planificación cuidadosa, una gestión proactiva y una consideración de los desafíos y consideraciones asociados. Con una estrategia sólida y una implementación cuidadosa, las empresas pueden aprovechar al máximo el potencial de la robótica industrial para mantenerse competitivas en el mercado global.

INGENIERÍA DE PROCESOS EN LA MANUFACTURA

La ingeniería de procesos constituye el núcleo de la eficiencia y la optimización en la manufactura moderna. Este capítulo se sumerge en los meandros de la ingeniería de procesos, desde sus conceptos básicos hasta su implementación en la industria manufacturera. Exploraremos en detalle cómo esta disciplina impulsa la mejora continua, la calidad del producto y la competitividad en un entorno empresarial en constante evolución.

La ingeniería de procesos se erige como un conjunto de prácticas, métodos y técnicas utilizadas para diseñar, optimizar y gestionar los procesos de producción en la industria manufacturera. Su propósito primordial es maximizar la eficiencia operativa, minimizar los costos y asegurar la calidad del producto final. Para alcanzar tales metas, la ingeniería de procesos se fundamenta en una comprensión profunda de los procesos de fabricación y en el empleo de herramientas y análisis especializados.

Fases de la Ingeniería de Procesos

La ingeniería de procesos abarca un ciclo de vida completo de los procesos de manufactura, desde la concepción hasta la mejora continua:

Planificación y Diseño del Proceso: En esta etapa inicial, se delinean los objetivos del proceso, se eligen los métodos de fabricación y se trazan los flujos de trabajo y la distribución de la planta. Se realizan análisis de viabilidad y se llevan a cabo estudios de mercado para detectar las necesidades del cliente y las oportunidades de mejora.

Desarrollo y Diseño Detallado: En esta fase, se elaboran los planos y especificaciones pormenorizadas del proceso, se seleccionan y dimensionan los equipos y se definen los parámetros operativos. Se realizan pruebas piloto y se optimizan los procesos para asegurar su eficiencia y calidad.

Implementación y Puesta en Marcha: Una vez completado el diseño del proceso, se procede a su implementación en el entorno de producción. Se instalan los equipos, se capacita al personal y se realizan pruebas de funcionamiento para asegurar la integración adecuada y el rendimiento óptimo del proceso.

Monitoreo y Control: Durante la operación del proceso, se lleva a cabo un monitoreo continuo para garantizar que se cumplan los estándares de calidad y eficiencia. Se utilizan sistemas de control y automatización para ajustar y optimizar los parámetros del proceso en tiempo real.

Mejora Continua: La ingeniería de procesos es un proceso iterativo que implica la identificación de oportunidades de mejora y la implementación de cambios para aumentar la eficiencia y la rentabilidad. Se utilizan técnicas como el análisis de causa raíz, el diseño de experimentos y la metodología Seis Sigma para optimizar los procesos y reducir la variabilidad.

Herramientas y Técnicas de Ingeniería de Procesos

La ingeniería de procesos se apoya en una amplia gama de herramientas y técnicas para analizar, diseñar y optimizar los procesos de fabricación:

Diagramas de Flujo y Layouts de Planta: Estas herramientas se utilizan para visualizar y diseñar los flujos de trabajo y la distribución física de la planta de producción, lo que permite identificar cuellos de botella y optimizar el flujo de materiales y operaciones.

Análisis de Valor Agregado (AVA): El AVA es una técnica utilizada para identificar actividades que agregan valor al producto final y eliminar aquellas que no lo hacen. Esto ayuda a reducir el desperdicio y mejorar la eficiencia en el proceso de fabricación.

Simulación de Procesos: La simulación de procesos permite modelar y analizar el comportamiento de los sistemas de producción en un entorno virtual. Esto facilita la evaluación de diferentes escenarios y la identificación de oportunidades de mejora antes de la implementación en el entorno real.

Análisis de Causa Raíz: Esta técnica se utiliza para identificar las causas subyacentes de problemas o defectos en el proceso de fabricación. Al abordar las causas fundamentales, se pueden implementar soluciones efectivas para prevenir la recurrencia de problemas.

Metodología Seis Sigma: Seis Sigma es un enfoque estructurado para mejorar la calidad y reducir la variabilidad en los procesos de fabricación. Utiliza un conjunto de herramientas estadísticas y metodologías, como DMAIC (Definir, Medir, Analizar, Mejorar, Controlar), para identificar y eliminar defectos y desperdicios.

Aplicaciones de la Ingeniería de Procesos

La ingeniería de procesos encuentra aplicación en una multitud de industrias y sectores:

Automotriz: En la industria automotriz, la ingeniería de procesos se utiliza para optimizar la fabricación de vehículos, desde la estampación de piezas metálicas hasta el ensamblaje final.

Electrónica: En la fabricación de productos electrónicos, como teléfonos móviles y computadoras, la ingeniería de procesos se emplea para garantizar la calidad y confiabilidad de los productos.

Alimentos y Bebidas: En la industria de alimentos y bebidas, la ingeniería de procesos se emplea para mejorar la eficiencia de la producción y asegurar el cumplimiento de los estándares de seguridad alimentaria.

Farmacéutica: En la industria farmacéutica, la ingeniería de procesos es fundamental para asegurar la calidad y consistencia de los productos farmacéuticos, así como para cumplir con las regulaciones de la FDA y otras agencias de salud.

Aeroespacial: En la fabricación de componentes aeroespaciales, la ingeniería de procesos se utiliza para garantizar la precisión y confiabilidad de los productos, así como para cumplir con los estándares de seguridad y calidad de la industria aeroespacial.

Impacto de la Ingeniería de Procesos

La ingeniería de procesos tiene un impacto trascendental en diversos aspectos de la manufactura:

Eficiencia Operativa Mejorada: Al optimizar los procesos de fabricación, la ingeniería de procesos permite reducir los tiempos de ciclo, aumentar la producción y minimizar el desperdicio de materiales y recursos.

Mejora de la Calidad del Producto: Al identificar y eliminar defectos y variabilidad en el proceso de fabricación, la ingeniería de procesos garantiza la calidad y consistencia del producto final, lo que mejora la satisfacción del cliente y reduce los costos de garantía.

Reducción de Costos: Al eliminar actividades que no agregan valor y optimizar el uso de recursos, la ingeniería de procesos ayuda a reducir los costos de producción y mejorar la rentabilidad de la empresa.

Flexibilidad y Adaptabilidad: La ingeniería de procesos permite a las empresas adaptarse rápidamente a cambios en la demanda del mercado, introducción de nuevos productos o modificaciones en el proceso de fabricación, lo que aumenta la competitividad y agilidad en un entorno empresarial dinámico.

Desafíos y Consideraciones

La implementación de la ingeniería de procesos puede enfrentar una serie de desafíos y consideraciones:

Complejidad del Proceso: La optimización de procesos puede ser compleja y requerir un profundo conocimiento de la tecnología y los sistemas de fabricación, así como el uso de herramientas y técnicas especializadas.

Costo de Implementación: La implementación de mejoras en los procesos puede requerir inversiones significativas en equipos, tecnología y capacitación de personal, lo que puede plantear desafíos financieros para las empresas.

Gestión del Cambio: La introducción de cambios en los procesos de fabricación puede encontrar resistencia por parte del personal y requerir una gestión cuidadosa del cambio y la comunicación para garantizar una adopción exitosa.

Cumplimiento Regulatorio: En industrias altamente reguladas, como la farmacéutica y la alimentaria, es crucial cumplir con las regulaciones y normativas gubernamentales, lo que puede agregar complejidad y costos adicionales a la ingeniería de procesos.

Tecnología y Automatización: Con el avance de la tecnología y la automatización, es importante mantenerse actualizado con las últimas tendencias y herramientas en ingeniería de procesos para mantener la competitividad y eficiencia en la fabricación.

Conclusión

En resumen, la ingeniería de procesos desempeña un papel vital en la optimización y mejora continua de los procesos de fabricación en la industria manufacturera. Desde la planificación y diseño hasta la implementación y mejora continua, la ingeniería de procesos impulsa la innovación, la eficiencia y la competitividad en la manufactura moderna. Con una comprensión profunda de los procesos de fabricación y el uso de herramientas y técnicas especializadas, las empresas pueden aumentar la eficiencia operativa, mejorar la calidad del producto y reducir los costos de producción. A pesar de los desafíos inherentes, la ingeniería de procesos ofrece un camino claro hacia la excelencia en la manufactura, asegurando así un futuro próspero y competitivo para las empresas en un mundo globalizado y en constante evolución.

SIMULACIÓN Y MODELADO EN LA MANUFACTURA

La simulación y el modelado se han convertido en pilares fundamentales de la ingeniería de manufactura moderna. Estas herramientas ofrecen a los ingenieros la capacidad de prever, analizar y optimizar una amplia gama de procesos y sistemas en la industria manufacturera. Desde la concepción y el diseño hasta la operación y la mejora continua, la simulación y el modelado proporcionan una visión invaluable que impulsa la eficiencia, la calidad y la competitividad en la producción industrial. Este capítulo profundiza en la importancia, los tipos, las aplicaciones, las herramientas y tecnologías, el impacto y los desafíos de la simulación y el modelado en la manufactura.

La simulación y el modelado en la manufactura implican la creación de representaciones virtuales de sistemas y procesos de fabricación para comprender su comportamiento y rendimiento. Estas representaciones se basan en modelos matemáticos y algoritmos que capturan las interacciones entre variables y componentes del sistema. Al simular y modelar procesos de manufactura, los ingenieros pueden realizar análisis predictivos, evaluar diferentes escenarios y optimizar el rendimiento del sistema antes de la implementación en el entorno real.

Tipos de Simulación y Modelado

Existen diversos tipos de simulación y modelado utilizados en la manufactura:

Simulación de Procesos: Esta técnica recrea los procesos de fabricación, desde el flujo de materiales hasta las operaciones de ensamblaje, utilizando modelos computacionales. Permite prever el rendimiento del proceso, identificar cuellos de botella y optimizar la configuración del sistema.

Simulación de Sistemas de Fabricación: Enfocada en modelar sistemas completos de fabricación, incluyendo la maquinaria, el flujo de materiales, la logística y la mano de obra. Esta simulación ayuda a diseñar y optimizar la disposición de la planta, la programación de la producción y la gestión de la cadena de suministro.

Simulación de Comportamiento del Producto: Permite simular el comportamiento y rendimiento de un producto durante su ciclo de vida, desde el diseño hasta el uso final. Ayuda a identificar problemas de diseño y evaluar el impacto de cambios en el producto.

Modelado de Sistemas Discretos: Se centra en el modelado y simulación de sistemas en los que los eventos ocurren en momentos discretos, como el flujo de trabajo en una línea de ensamblaje o el movimiento de piezas en un almacén.

Modelado de Eventos Discretos: Utilizado para modelar sistemas en los que los eventos ocurren en momentos específicos e instantáneos, como el flujo de tráfico en una red de transporte o el movimiento de clientes en un supermercado.

Aplicaciones de Simulación y Modelado en la Manufactura

La simulación y el modelado se aplican en una variedad de áreas en la manufactura:

Diseño de Procesos: Permite diseñar y optimizar procesos de fabricación antes de su implementación, reduciendo costos y tiempos de desarrollo.

Planificación de la Producción: Facilita la programación y secuenciación de órdenes de producción para optimizar la capacidad y la utilización de recursos.

Diseño de Sistemas de Manufactura: Ayuda a diseñar y optimizar sistemas de fabricación, incluyendo la disposición de la planta, la logística interna y la automatización.

Optimización de Inventarios: Permite optimizar los niveles de inventario y la gestión de la cadena de suministro para reducir costos y mejorar la eficiencia.

Análisis de Riesgos y Seguridad: Permite simular escenarios de riesgo y evaluar la seguridad de los procesos y sistemas de fabricación.

Herramientas y Tecnologías de Simulación y Modelado

Una variedad de herramientas y tecnologías se utilizan para llevar a cabo la simulación y el modelado en la manufactura:

Software de Simulación: Herramientas como Arena, Simul8, AnyLogic y MATLAB/Simulink se utilizan para modelar y simular sistemas complejos en una amplia gama de industrias, incluyendo la manufactura.

Tecnologías de Realidad Virtual (RV) y Aumentada (RA): Estas tecnologías permiten crear entornos virtuales que simulan procesos de fabricación, facilitando la capacitación, el diseño de productos y la planificación de la producción.

Modelado 3D y Diseño Asistido por Computadora (CAD): Software como AutoCAD, SolidWorks y CATIA se utilizan para crear modelos 3D de productos y sistemas de fabricación, que luego pueden ser importados a herramientas de simulación para análisis más detallados.

Internet de las Cosas (IoT): La integración de sensores y dispositivos IoT en los sistemas de fabricación permite recopilar datos en tiempo real sobre el rendimiento y la operación del sistema, que luego pueden ser utilizados para mejorar la precisión y validez de los modelos de simulación.

Computación en la Nube: La computación en la nube proporciona recursos informáticos escalables y flexibles para ejecutar simulaciones de gran escala, lo que permite a las empresas realizar análisis más detallados y completos sin la necesidad de inversiones costosas en infraestructura de TI.

Impacto de la Simulación y el Modelado en la Manufactura

La simulación y el modelado tienen un impacto significativo en la eficiencia, la calidad y la rentabilidad en la manufactura:

Optimización de Procesos y Sistemas: La simulación y el modelado permiten identificar y eliminar cuellos de botella, reducir tiempos de ciclo y mejorar la eficiencia operativa en la producción.

Reducción de Costos: Al simular diferentes escenarios y optimizar la operación de los sistemas, las empresas pueden reducir costos de producción, inventario y transporte, lo que aumenta la rentabilidad.

Mejora de la Calidad del Producto: La simulación y el modelado ayudan a identificar posibles problemas de calidad antes de la producción en masa, lo que reduce el desperdicio y los costos asociados con la reparación o retrabajo de productos defectuosos.

Agilidad y Flexibilidad: Al simular diferentes configuraciones y escenarios, las empresas pueden adaptarse rápidamente a cambios en la demanda del mercado, introducción de nuevos productos o modificaciones en los procesos de fabricación, lo que aumenta la competitividad y la agilidad empresarial.

Innovación y Desarrollo de Productos: La simulación y el modelado permiten a las empresas probar y validar nuevas ideas y conceptos de productos de manera rápida y económica, lo que acelera el proceso de innovación y desarrollo de productos.

Desafíos y Consideraciones

A pesar de sus numerosos beneficios, la simulación y el modelado en la manufactura también enfrentan desafíos y consideraciones importantes:

Complejidad y Precisión de los Modelos: La creación de modelos precisos y realistas puede ser compleja y requerir una comprensión profunda de los procesos de fabricación y sistemas industriales.

Recopilación de Datos: La recopilación de datos precisos y confiables para alimentar los modelos de simulación puede ser un desafío, especialmente en entornos de fabricación complejos y dinámicos.

Validación y Verificación: Los modelos de simulación deben ser validados y verificados antes de su uso para garantizar que reflejen con precisión el comportamiento real del sistema.

Costo y Capacidad Computacional: La ejecución de simulaciones complejas puede requerir una gran cantidad de recursos computacionales y tiempo, lo que puede ser costoso y limitar la capacidad de análisis de las empresas.

Gestión del Cambio: La implementación de resultados de simulación puede requerir cambios significativos en los procesos de fabricación y sistemas empresariales, lo que puede encontrar resistencia por parte del personal y requerir una gestión cuidadosa del cambio y la comunicación.

Conclusión

En resumen, la simulación y el modelado son herramientas esenciales en la industria manufacturera moderna, proporcionando una visión invaluable que impulsa la eficiencia, la calidad y la competitividad en la producción industrial. Desde el diseño y la planificación hasta la operación y la mejora continua, estas herramientas desempeñan un papel fundamental en todos los aspectos del ciclo de vida de los procesos y sistemas de fabricación. Con la creciente disponibilidad de tecnologías avanzadas y herramientas de software, la simulación y el modelado están cada vez más integrados en los procesos de toma de decisiones y diseño en la industria manufacturera, allanando el camino para la innovación, la agilidad y el éxito empresarial en un entorno empresarial global y competitivo.

SOSTENIBILIDAD EN LA MANUFACTURA

En la actualidad, la sostenibilidad se ha convertido en un tema de creciente importancia en todos los sectores industriales, y la manufactura no es una excepción. Este capítulo profundizará en el concepto de sostenibilidad en el contexto de la manufactura, explorando sus múltiples dimensiones y abordando cómo las empresas pueden integrar prácticas sostenibles en sus operaciones para promover un desarrollo económico, social y ambiental equilibrado.

La Importancia de la Sostenibilidad en la Manufactura

La manufactura es un sector que históricamente ha tenido un gran impacto en el medio ambiente y en las comunidades locales. La extracción de recursos naturales, el uso intensivo de energía y agua, la generación de residuos y las emisiones contaminantes son solo algunos de los aspectos que han contribuido a la degradación ambiental y social asociada con esta industria. Sin embargo, en un mundo donde la preocupación por el cambio climático, la escasez de recursos y la justicia social está en aumento, las empresas manufactureras están siendo cada vez más presionadas para adoptar prácticas más sostenibles.

La sostenibilidad en la manufactura no solo implica reducir el impacto ambiental de las operaciones, sino también mejorar las condiciones laborales, promover la equidad social y contribuir al bienestar de las comunidades locales. Además, las empresas están comenzando a reconocer que la sostenibilidad puede ser un motor para la innovación, la eficiencia operativa y la creación de valor a largo plazo.

Dimensiones de la Sostenibilidad en la Manufactura

La sostenibilidad en la manufactura abarca tres dimensiones principales: ambiental, social y económica. En términos ambientales, implica la reducción del consumo de recursos naturales, la minimización de la generación de residuos y la disminución de las emisiones de gases de efecto invernadero. Esto puede lograrse a través de la adopción de tecnologías más limpias, la optimización de los procesos de producción y la implementación de prácticas de reciclaje y reutilización.

Desde una perspectiva social, la sostenibilidad en la manufactura implica garantizar condiciones laborales seguras y justas, promover la diversidad y la inclusión en el lugar de trabajo y contribuir al desarrollo de las comunidades locales a través de iniciativas de responsabilidad social corporativa (RSC) y programas de inversión comunitaria.

En cuanto a la dimensión económica, la sostenibilidad en la manufactura implica mejorar la eficiencia energética, reducir los costos operativos y crear valor compartido para todas las partes interesadas. Esto puede lograrse a través de la optimización de la cadena de suministro, la implementación de prácticas de producción just-in-time y la adopción de modelos de negocio circulares que fomenten la reutilización y el reciclaje de materiales.

Herramientas y Métodos para la Sostenibilidad en la Manufactura

Existen diversas herramientas y métodos que las empresas manufactureras pueden utilizar para avanzar hacia la sostenibilidad. Esto incluye la adopción de certificaciones de sostenibilidad como ISO 14001, que establece estándares para la gestión ambiental, y LEED (Leadership in Energy and Environmental Design), que promueve la construcción y operación de edificios verdes. Además, las empresas pueden utilizar herramientas como el análisis del ciclo de vida (ACV) para evaluar el impacto ambiental de sus productos y procesos a lo largo de todo su ciclo de vida, desde la extracción de materias primas hasta su disposición final.

El diseño para el medio ambiente (DfE) es otra herramienta importante que las empresas pueden utilizar para integrar consideraciones ambientales en todas las etapas del ciclo de vida del producto. Esto implica seleccionar materiales y procesos de fabricación que minimicen el uso de recursos naturales y reduzcan el impacto ambiental, así como diseñar productos que sean duraderos, reparables y reciclables.

Además de estas herramientas específicas, las empresas manufactureras también pueden aprovechar tecnologías limpias y procesos sostenibles para reducir su huella ambiental. Esto incluye la adopción de energías renovables como la solar y la eólica, la implementación de sistemas de gestión de energía eficientes y la optimización de los procesos de producción para reducir el consumo de recursos y minimizar los residuos.

Casos de Estudio y Ejemplos Prácticos

Para ilustrar cómo la sostenibilidad se está integrando en la manufactura en la práctica, consideremos algunos casos de estudio y ejemplos prácticos de empresas que están liderando el camino en términos de prácticas sostenibles:

Interface: Esta empresa de fabricación de alfombras ha sido pionera en prácticas sostenibles en toda su cadena de suministro, desde la selección de materiales reciclados y biodegradables hasta la implementación de procesos de fabricación más eficientes en términos de energía y recursos. Interface también ha establecido objetivos ambiciosos para reducir su huella ambiental y alcanzar la neutralidad de carbono para el año 2040.

Patagonia: Esta empresa de ropa outdoor ha sido reconocida por su compromiso con la sostenibilidad y la responsabilidad social corporativa. Patagonia utiliza materiales reciclados en muchos de sus productos y ha implementado programas de comercio justo para garantizar condiciones laborales justas en su cadena de suministro. Además, la empresa ha invertido en tecnologías sostenibles, como la fabricación de tejidos a partir de plásticos reciclados, y ha promovido la reparación y el reciclaje de prendas usadas a través de su programa "Worn Wear".

Tesla: Aunque es más conocida por sus vehículos eléctricos, Tesla también está innovando en términos de sostenibilidad en la fabricación. La compañía ha implementado prácticas de fabricación avanzadas en su planta Gigafactory, incluyendo el uso de energía renovable y la minimización de residuos. Tesla también está trabajando en el desarrollo de baterías más eficientes y sostenibles para sus vehículos, utilizando materiales reciclados y reduciendo el uso de metales raros.

Estos casos de estudio demuestran que la sostenibilidad en la manufactura no solo es posible, sino también beneficiosa en términos de eficiencia operativa, innovación y reputación de la marca. Al adoptar prácticas sostenibles, las empresas pueden no solo reducir su impacto ambiental y social, sino también crear valor a largo plazo para sus accionistas, empleados y comunidades en las que operan.

Desafíos y Barreras para la Implementación de la Sostenibilidad en la Manufactura

A pesar de los numerosos beneficios de la sostenibilidad en la manufactura, existen varios desafíos y barreras que las empresas enfrentan al intentar implementar prácticas sostenibles. Algunos de estos desafíos incluyen:

Resistencia cultural y organizacional: Muchas empresas enfrentan resistencia interna a la hora de implementar cambios en sus prácticas de negocio, especialmente si estos cambios implican costos adicionales o interrupciones en la producción.

Inversión inicial y retorno de la inversión (ROI): La implementación de prácticas sostenibles a menudo requiere una inversión inicial significativa en tecnologías y procesos nuevos o mejorados. Aunque estas inversiones pueden generar ahorros a largo plazo, puede ser difícil justificar el gasto inicial para algunas empresas, especialmente aquellas con márgenes de beneficio ajustados.

Falta de regulaciones y estándares claros: Aunque cada vez más gobiernos están implementando regulaciones ambientales y sociales más estrictas, todavía hay un vacío en términos de estándares claros y consistentes para la sostenibilidad en la manufactura. Esto puede dificultar que las empresas establezcan objetivos y métricas claras para medir su desempeño en términos de sostenibilidad.

Complejidad en la cadena de suministro: Las cadenas de suministro globales cada vez más complejas pueden dificultar la implementación de prácticas sostenibles, especialmente cuando se trata de garantizar el cumplimiento de los estándares ambientales y sociales en todos los niveles de la cadena.

Gestión de riesgos asociados: La adopción de prácticas sostenibles puede plantear nuevos riesgos para las empresas, incluyendo riesgos operativos, financieros y reputacionales. Por ejemplo, la transición a fuentes de energía renovable puede aumentar la dependencia de ciertos recursos, mientras que la adopción de materiales alternativos puede afectar la calidad o el rendimiento de los productos.

El Futuro de la Sostenibilidad en la Manufactura

A medida que avanzamos hacia un futuro cada vez más sostenible, se espera que la sostenibilidad juegue un papel cada vez más importante en la industria manufacturera. Con el aumento de la conciencia ambiental y las regulaciones más estrictas, se espera que las empresas continúen invirtiendo en prácticas sostenibles y adoptando tecnologías limpias y procesos más eficientes.

En particular, se espera que la tecnología juegue un papel clave en la transformación de la manufactura hacia la sostenibilidad. La inteligencia artificial (IA) y el aprendizaje automático pueden ayudar a optimizar los procesos de producción y reducir el desperdicio, mientras que la fabricación aditiva (impresión 3D) puede permitir la fabricación de productos más ligeros, duraderos y personalizados.

Además, se espera que las regulaciones ambientales se vuelvan más estrictas en los próximos años, lo que impulsará aún más la adopción de prácticas sostenibles en la manufactura. Esto incluye regulaciones relacionadas con las emisiones de gases de efecto invernadero, el uso de productos químicos peligrosos y la gestión de residuos, entre otros aspectos.

En resumen, el futuro de la sostenibilidad en la manufactura es prometedor, pero también presenta desafíos significativos que deben ser abordados de manera colaborativa por empresas, gobiernos y la sociedad en su conjunto. Al trabajar juntos para promover prácticas sostenibles, podemos crear un futuro más equitativo, saludable y próspero para las generaciones futuras.

Conclusión

En conclusión, la sostenibilidad en la manufactura es fundamental para garantizar un desarrollo económico, social y ambiental equilibrado en el siglo XXI. Al adoptar prácticas sostenibles, las empresas pueden reducir su impacto ambiental y social, mejorar su eficiencia operativa y crear valor a largo plazo para todas las partes interesadas. Si bien existen desafíos significativos en el camino hacia la sostenibilidad, también hay muchas oportunidades para la innovación, la colaboración y el progreso. Al trabajar juntos, podemos construir un futuro más sostenible y resiliente para todos.

ECONOMÍA Y FINANZAS EN LA INDUSTRIA MANUFACTURERA

La industria manufacturera es uno de los pilares fundamentales de la economía global, representando un sector vital que impulsa el crecimiento económico, la innovación y el empleo. En este capítulo, exploraremos en profundidad la intersección entre la economía y las finanzas en el contexto de la manufactura, analizando los factores que influyen en la industria y las estrategias clave que las empresas emplean para prosperar en un entorno competitivo y dinámico.

Ciclos Económicos y su Impacto en la Industria Manufacturera

La industria manufacturera está intrínsecamente ligada a los ciclos económicos, que consisten en períodos de expansión y contracción en la actividad económica. Durante los períodos de expansión, la demanda de productos manufacturados tiende a aumentar a medida que los consumidores y las empresas gastan más, lo que impulsa la producción y la inversión en el sector manufacturero. Por el contrario, durante las recesiones económicas, la demanda puede disminuir, lo que lleva a una reducción en la producción y la inversión en la industria manufacturera.

Impacto de los Ciclos Económicos en la Inversión y la Innovación

Durante los períodos de expansión económica, las empresas manufactureras tienden a aumentar sus inversiones en capacidad productiva y en investigación y desarrollo (I+D), aprovechando la creciente demanda y buscando ganar una ventaja competitiva a largo plazo. Sin embargo, en tiempos de recesión, las empresas pueden enfrentar presiones financieras y reducir sus inversiones en innovación, lo que puede afectar su capacidad para competir en el futuro.

Gestión de la Demanda en Ciclos Económicos

Una gestión efectiva de la demanda es crucial para las empresas manufactureras durante los ciclos económicos. Durante los períodos de alta demanda, las empresas deben ser capaces de satisfacerla sin comprometer la calidad o aumentar excesivamente los costos. Por otro lado, durante los períodos de baja demanda, las empresas deben ser ágiles y flexibles para ajustar la producción y los inventarios, evitando el exceso de capacidad y los costos operativos innecesarios.

Factores de Producción en la Industria Manufacturera

La producción manufacturera depende de una combinación de factores de producción, que incluyen mano de obra, capital, materias primas, tecnología y acceso a mercados. La eficiencia en la utilización de estos factores es esencial para la competitividad de una empresa manufacturera.

Tecnología y Automatización

La tecnología y la automatización están transformando la industria manufacturera, mejorando la eficiencia, la precisión y la calidad de los procesos de producción. Las empresas están invirtiendo en tecnologías avanzadas, como la robótica y la inteligencia artificial, para optimizar la producción y reducir los costos laborales. Sin embargo, la adopción de tecnología también plantea desafíos, como la necesidad de capacitar a los empleados y garantizar la ciberseguridad de los sistemas.

Innovación en la Cadena de Suministro

La gestión eficiente de la cadena de suministro es crucial para la competitividad en la industria manufacturera. Las empresas están adoptando prácticas innovadoras, como la colaboración con proveedores y la implementación de sistemas de gestión de inventario en tiempo real, para mejorar la visibilidad y la eficiencia de la cadena de suministro. Al optimizar la cadena de suministro, las empresas pueden reducir los costos, mejorar la calidad del producto y responder de manera más ágil a las fluctuaciones en la demanda del mercado.

Comercio Internacional y Globalización en la Manufactura

La globalización ha redefinido el panorama de la industria manufacturera, facilitando el comercio internacional de bienes y servicios. Si bien esto ha creado oportunidades para la expansión de los mercados y la reducción de costos a través de la externalización y la deslocalización, también ha aumentado la competencia y la volatilidad en la cadena de suministro.

Tendencias en la Externalización y la Deslocalización

La externalización y la deslocalización han sido tendencias importantes en la industria manufacturera en las últimas décadas, con muchas empresas trasladando parte o la totalidad de su producción a países con costos laborales más bajos y regulaciones menos estrictas. Sin embargo, esta estrategia también ha llevado a preocupaciones sobre la pérdida de empleos en los países desarrollados y la vulnerabilidad de las cadenas de suministro a interrupciones geopolíticas y desastres naturales.

Cadena de Suministro Global y Resiliencia

La cadena de suministro global presenta desafíos únicos en términos de resiliencia y gestión de riesgos. Las empresas deben ser capaces de identificar y mitigar los riesgos potenciales, como los problemas políticos, las fluctuaciones en los precios de las materias primas y los desastres naturales, que pueden afectar la disponibilidad y el costo de los productos y componentes.

Estructura de Costos en la Manufactura

La gestión eficaz de los costos es fundamental para la rentabilidad de las empresas manufactureras. Los costos en la manufactura pueden dividirse en fijos, variables y semivariables, cada uno con su propio impacto en la estructura de costos y la rentabilidad.

Estrategias para la Reducción de Costos

Las empresas manufactureras están implementando una variedad de estrategias para reducir los costos y mejorar la rentabilidad, que incluyen la optimización de la cadena de suministro, la mejora de la eficiencia energética, la inversión en tecnologías de fabricación avanzadas y la negociación de precios con proveedores.

Análisis de Costo-Beneficio en Inversiones

El análisis de costo-beneficio es una herramienta importante para evaluar las inversiones en la industria manufacturera. Al evaluar los costos y beneficios potenciales de un proyecto de inversión, las empresas pueden tomar decisiones informadas sobre dónde asignar sus recursos limitados y maximizar el retorno de su inversión.

Gestión del Capital en la Industria Manufacturera

La gestión del capital es un aspecto crítico de la planificación financiera en la industria manufacturera. La disponibilidad de capital de trabajo influye en la capacidad de una empresa para financiar sus operaciones diarias, mantener la liquidez y financiar el crecimiento futuro.

Financiamiento y Capital de Trabajo

El financiamiento y el capital de trabajo son elementos clave de la gestión del capital en la industria manufacturera. Las empresas pueden recurrir a una variedad de fuentes de financiamiento, que incluyen préstamos bancarios, líneas de crédito y capital de inversión, para cubrir sus necesidades de capital de trabajo y financiar proyectos de inversión.

Riesgo y Rentabilidad en Inversiones

La evaluación del riesgo y la rentabilidad es fundamental para la gestión del capital en la industria manufacturera. Las empresas deben considerar una variedad de factores, incluyendo el riesgo operativo, el riesgo financiero y el retorno potencial, al tomar decisiones sobre dónde invertir su capital y cómo estructurar su financiamiento.

Inversiones en Tecnología e Innovación en la Manufactura

La inversión en tecnología y la innovación son motores clave de la competitividad en la industria manufacturera. Las empresas que adoptan tecnologías avanzadas pueden mejorar la calidad, la eficiencia y la flexibilidad de sus operaciones, ganando una ventaja competitiva en el mercado.

Transformación Digital en la Manufactura

La transformación digital está cambiando fundamentalmente la forma en que se fabrican los productos en la industria manufacturera. Las empresas están implementando tecnologías como la Internet de las cosas (IoT), la inteligencia artificial (IA) y el análisis de datos para optimizar los procesos de producción, mejorar la calidad del producto y personalizar las ofertas para satisfacer las demandas individuales de los clientes.

Investigación y Desarrollo en Innovación

La investigación y el desarrollo (I+D) son fundamentales para la innovación en la industria manufacturera. Las empresas están invirtiendo en I+D para desarrollar nuevos productos y procesos, mejorar la eficiencia operativa y diferenciarse en un mercado cada vez más competitivo. Al colaborar con instituciones académicas y de investigación, las empresas pueden acceder a conocimientos y recursos adicionales para impulsar la innovación.

Conclusión

En conclusión, la industria manufacturera enfrenta una serie de desafíos y oportunidades en el panorama económico y financiero actual. Desde la gestión de los ciclos económicos hasta la optimización de la cadena de suministro y la inversión en tecnología e innovación, las empresas deben adoptar un enfoque estratégico y proactivo para mantener su competitividad y liderazgo en el mercado global. Al comprender los factores que influyen en la industria y las estrategias clave para abordarlos, las empresas pueden posicionarse para el éxito a largo plazo.

TENDENCIAS FUTURAS EN LA MANUFACTURA

La manufactura es un sector dinámico que ha experimentado un constante flujo de cambios y evoluciones a lo largo de su historia. Desde la revolución industrial hasta la era digital, la industria manufacturera ha estado en constante transformación, impulsada por avances tecnológicos, cambios en la demanda del mercado y la búsqueda continua de eficiencia y calidad. En este capítulo, exploraremos en detalle las tendencias futuras que están moldeando el futuro de la manufactura. Desde la automatización avanzada hasta la fabricación aditiva y la sostenibilidad, analizaremos cómo estas tendencias están transformando la forma en que se diseñan, producen y entregan los productos en todo el mundo.

Automatización Avanzada

La automatización ha sido un componente fundamental de la industria manufacturera durante décadas, pero su papel está evolucionando con el tiempo. Con los avances en robótica e inteligencia artificial (IA), estamos viendo una nueva ola de automatización avanzada que está transformando radicalmente los procesos de producción. Los robots colaborativos, también conocidos como "cobots", están diseñados para trabajar junto a los humanos de forma segura y eficiente. Estos robots pueden realizar una amplia gama de tareas, desde el ensamblaje hasta el manejo de materiales, liberando a los trabajadores humanos para que se centren en tareas de mayor valor añadido.

La integración de sistemas ciberfísicos también está desempeñando un papel importante en la automatización avanzada. Estos sistemas combinan componentes físicos con componentes virtuales, permitiendo una mayor conectividad y control en toda la cadena de producción. Desde máquinas que se autoajustan para optimizar la eficiencia hasta sistemas de monitorización en tiempo real que predicen y previenen fallos, los sistemas ciberfísicos están mejorando la agilidad y la capacidad de respuesta de las operaciones de fabricación.

La automatización avanzada no solo está mejorando la eficiencia y la calidad del producto, sino que también está abriendo nuevas oportunidades en términos de flexibilidad y personalización. Al permitir cambios rápidos en la configuración de la línea de producción y la capacidad de adaptarse a la demanda del mercado en tiempo real, la automatización avanzada está permitiendo a las empresas ser más ágiles y receptivas a las necesidades cambiantes de los clientes.

Fabricación Aditiva (Impresión 3D)

La fabricación aditiva, más comúnmente conocida como impresión 3D, ha sido una de las tendencias más emocionantes en la industria manufacturera en los últimos años. A diferencia de los métodos tradicionales de fabricación, que implican la eliminación de material para crear un objeto, la fabricación aditiva construye objetos capa por capa a partir de materiales como plástico, metal o cerámica.

Los avances en la tecnología de impresión 3D están expandiendo rápidamente las aplicaciones de esta técnica en la industria manufacturera. Desde la creación de prototipos rápidos hasta la producción de piezas finales, la impresión 3D está revolucionando la forma en que se diseñan y fabrican los productos. Además de ofrecer tiempos de desarrollo más rápidos y costos reducidos, la fabricación aditiva también está allanando el camino para la personalización masiva y la producción bajo demanda. Al permitir la creación de piezas únicas y complejas con facilidad, la impresión 3D está cambiando fundamentalmente la forma en que pensamos sobre el diseño y la fabricación de productos.

Internet de las Cosas (IoT) y Fabricación Conectada

El Internet de las Cosas (IoT) está desempeñando un papel cada vez más importante en la industria manufacturera, impulsando lo que se conoce como fabricación conectada. Al conectar máquinas, sensores y dispositivos inteligentes en toda la cadena de producción, el IoT está permitiendo una mayor visibilidad, control y optimización de los procesos de fabricación.

Los sensores instalados en equipos de producción pueden recopilar datos en tiempo real sobre el rendimiento y el estado de la maquinaria, permitiendo una monitorización continua y la detección temprana de problemas potenciales. Estos datos pueden ser analizados utilizando algoritmos de aprendizaje automático para identificar patrones y tendencias, proporcionando información valiosa para mejorar la eficiencia y la calidad.

La fabricación conectada también está facilitando la integración de la cadena de suministro, permitiendo una colaboración más estrecha entre los fabricantes, proveedores y distribuidores. Al compartir información en tiempo real sobre la demanda del mercado, los niveles de inventario y los tiempos de entrega, las empresas pueden optimizar sus operaciones y responder rápidamente a los cambios en el entorno empresarial.

Manufactura Sostenible

La sostenibilidad se ha convertido en una preocupación cada vez más importante para la industria manufacturera, impulsada por la creciente conciencia sobre los impactos ambientales y sociales de la producción industrial. En respuesta a esta preocupación, estamos viendo un enfoque renovado en la fabricación sostenible, que busca minimizar el desperdicio, reducir la huella ambiental y promover prácticas éticas en toda la cadena de suministro.

Una de las tendencias más importantes en la fabricación sostenible es la adopción de prácticas de economía circular. En lugar de seguir un modelo lineal de "extraer, fabricar, usar y desechar", la economía circular promueve la reutilización, el reciclaje y la remanufactura de productos y materiales para minimizar el desperdicio y conservar los recursos naturales. Desde la fabricación de productos a partir de materiales reciclados hasta el diseño de productos modulares que pueden ser desmontados y reparados fácilmente, la economía circular está cambiando la forma en que pensamos sobre el ciclo de vida de los productos.

La adopción de energías renovables también está desempeñando un papel importante en la fabricación sostenible, ayudando a reducir las emisiones de carbono y la dependencia de los combustibles fósiles. Desde la instalación de paneles solares en las instalaciones de producción hasta el uso de energía eólica para alimentar la cadena de suministro, las empresas están buscando activamente formas de reducir su impacto ambiental y promover la transición hacia una economía más verde.

Personalización y Producción Bajo Demanda

La demanda de productos personalizados está en aumento, impulsada por una creciente preferencia de los consumidores por productos únicos y adaptados a sus necesidades individuales. En respuesta a esta tendencia, la industria manufacturera está adoptando estrategias de personalización masiva y producción bajo demanda que permiten la creación de productos únicos y personalizados de manera eficiente y rentable.

La fabricación aditiva está desempeñando un papel clave en la personalización masiva, permitiendo la creación de productos altamente personalizados sin los costos y tiempos de producción asociados con los métodos tradicionales. Desde zapatillas de deporte personalizadas hasta prótesis médicas adaptadas a las necesidades específicas de cada paciente, la impresión 3D está abriendo nuevas posibilidades en términos de diseño y fabricación de productos.

La producción bajo demanda también está ganando popularidad, ya que permite a las empresas fabricar productos en función de la demanda del mercado en lugar de producir grandes volúmenes de inventario. Al utilizar tecnologías como la fabricación aditiva y la fabricación conectada, las empresas pueden reducir los costos de almacenamiento y minimizar el riesgo de obsolescencia de inventario, al tiempo que mejoran la capacidad de respuesta a las fluctuaciones en la demanda del mercado.

Colaboración Hombre-Máquina

A medida que la automatización se vuelve más omnipresente en la industria manufacturera, la colaboración hombre-máquina está emergiendo como una tendencia importante. En lugar de reemplazar completamente a los trabajadores humanos, los avances en la interfaz hombre-máquina están permitiendo una colaboración más estrecha entre humanos y robots en el lugar de trabajo.

Los robots colaborativos, o "cobots", están diseñados para trabajar de forma segura y eficiente junto a los humanos, realizando tareas que complementan las habilidades humanas en lugar de reemplazarlas por completo. Desde el transporte de materiales pesados hasta el ensamblaje de piezas delicadas, los cobots están ayudando a mejorar la productividad y la seguridad en el lugar de trabajo al tiempo que permiten a los trabajadores humanos centrarse en tareas de mayor valor añadido.

La realidad aumentada también está desempeñando un papel importante en la colaboración hombre-máquina, al proporcionar a los trabajadores humanos información visual y contextual en tiempo real para ayudarles en sus tareas. Desde instrucciones de montaje superpuestas en piezas de trabajo hasta la detección de errores en la producción, la realidad aumentada está mejorando la eficiencia y la precisión de las operaciones de fabricación al tiempo que reduce la necesidad de formación especializada.

Conclusión

La industria manufacturera está en un punto de inflexión, impulsada por una serie de tendencias futuras que están transformando la forma en que se diseña, produce y entrega los productos. Desde la automatización avanzada hasta la fabricación aditiva y la sostenibilidad, estas tendencias están abriendo nuevas posibilidades y desafíos para las empresas en todo el mundo.

La capacidad de adaptarse y evolucionar será clave para el éxito futuro de la manufactura, y aquellos que puedan aprovechar estas tendencias emergentes estarán mejor posicionados para prosperar en el futuro. Al abrazar la automatización avanzada, la fabricación aditiva, la fabricación conectada y otras tendencias futuras, las empresas pueden mejorar su eficiencia, calidad y agilidad, y satisfacer las demandas de un mercado cada vez más exigente y diverso. Con una mentalidad abierta a la innovación y la colaboración, la industria manufacturera puede enfrentar los desafíos del futuro y seguir siendo un motor de crecimiento y desarrollo económico en todo el mundo.

DESAFÍOS Y OPORTUNIDADES EN LA INDUSTRIA MANUFACTURERA

La industria manufacturera ha sido durante mucho tiempo un pilar fundamental de la economía mundial, proporcionando empleo, innovación y productos que satisfacen las necesidades básicas y avanzadas de la sociedad. Sin embargo, en el complejo panorama actual, la industria manufacturera enfrenta una serie de desafíos que requieren respuestas estratégicas y oportunidades que pueden ser aprovechadas para impulsar el crecimiento y la sostenibilidad a largo plazo. En este capítulo, exploraremos en detalle los desafíos y oportunidades más relevantes que enfrenta la industria manufacturera en la actualidad.

La globalización ha transformado radicalmente la industria manufacturera, creando nuevas oportunidades de mercado, pero también intensificando la competencia. Los fabricantes ahora compiten en un mercado global, enfrentando desafíos como la presión de reducir costos, mantener altos estándares de calidad y cumplimiento, y adaptarse a las regulaciones y estándares internacionales en constante evolución. La competencia de países con costos laborales más bajos y la necesidad de mantenerse al día con la innovación tecnológica son desafíos críticos.

Avances Tecnológicos y Automatización

Los avances tecnológicos están revolucionando los procesos de fabricación, impulsando la adopción de la inteligencia artificial (IA), la robótica, la fabricación aditiva y otras tecnologías emergentes. Si bien estas innovaciones ofrecen oportunidades para mejorar la eficiencia, la calidad y la personalización de los productos, también plantean desafíos en términos de inversión en tecnología, reentrenamiento de la fuerza laboral y la posible obsolescencia de habilidades tradicionales. La implementación exitosa de estas tecnologías requiere una cuidadosa planificación y gestión del cambio.

Sostenibilidad y Responsabilidad Social

La creciente conciencia ambiental y social está impulsando la demanda de prácticas de fabricación más sostenibles y éticas. Los fabricantes enfrentan la presión de reducir su huella ambiental, minimizar el desperdicio de recursos y garantizar condiciones laborales justas en toda la cadena de suministro. La implementación de estrategias de sostenibilidad, como la eficiencia energética, el uso de materiales reciclados y la adopción de prácticas comerciales éticas, puede requerir inversiones significativas y cambios culturales dentro de las organizaciones.

Escasez de Habilidades y Desarrollo de la Fuerza Laboral

La industria manufacturera enfrenta una creciente escasez de habilidades, exacerbada por el envejecimiento de la fuerza laboral y la falta de interés en las carreras relacionadas con la fabricación entre los jóvenes. Para abordar esta brecha de habilidades, los fabricantes deben promover programas de educación técnica, colaborar con instituciones académicas y gubernamentales, y desarrollar estrategias efectivas de atracción y retención de talento. El reentrenamiento de la fuerza laboral y el fomento de una cultura de aprendizaje continuo son fundamentales para garantizar la competitividad a largo plazo.

Cadenas de Suministro Globales

Las cadenas de suministro en la industria manufacturera son cada vez más complejas y vulnerables a interrupciones. Los fabricantes enfrentan desafíos para gestionar eficazmente la cadena de suministro global, incluida la gestión de proveedores internacionales, la mitigación de riesgos asociados con desastres naturales o conflictos políticos, y la necesidad de mantener altos estándares de calidad y cumplimiento en toda la cadena de suministro. La colaboración y la transparencia son esenciales para construir cadenas de suministro resilientes y sostenibles.

Oportunidades en la Industria Manufacturera

Innovación y Desarrollo de Productos

La innovación es esencial para la competitividad y el crecimiento en la industria manufacturera. Las empresas que fomentan una cultura de innovación pueden desarrollar productos y procesos más eficientes, diferenciarse en el mercado y anticiparse a las necesidades cambiantes de los clientes. La inversión en investigación y desarrollo (I+D), la colaboración con socios externos y la adopción de enfoques ágiles de desarrollo de productos son fundamentales para estimular la innovación continua.

Tecnologías Emergentes

Las tecnologías emergentes, como el Internet de las cosas (IoT), la realidad aumentada (RA) y la fabricación aditiva, ofrecen oportunidades para optimizar la producción, mejorar la personalización de productos y desarrollar nuevos modelos de negocio. Las empresas que adoptan estas tecnologías pueden mejorar su eficiencia operativa, reducir los tiempos de comercialización y diferenciarse en un mercado cada vez más competitivo. La inversión en tecnología y la capacitación de la fuerza laboral son críticas para aprovechar al máximo estas oportunidades.

Personalización y Fabricación a Demanda

La creciente demanda de productos personalizados está impulsando la adopción de modelos de fabricación a demanda. La fabricación ágil y flexible permite a las empresas adaptarse rápidamente a las preferencias de los clientes, reducir los costos asociados con el inventario excesivo y mejorar la satisfacción del cliente. Las tecnologías como la impresión 3D y la personalización en masa están transformando la forma en que se diseñan, producen y entregan los productos, creando oportunidades para la diferenciación y la innovación.

Economía Circular y Reciclaje

La transición hacia una economía circular ofrece oportunidades para reducir el desperdicio, optimizar el uso de recursos y desarrollar nuevos productos a partir de materiales reciclados. Las empresas pueden explorar nuevas fuentes de ingresos a través del reciclaje y la reutilización de materiales, al tiempo que reducen su impacto ambiental y mejoran su reputación corporativa. La colaboración con socios de la cadena de suministro y el diseño de productos con criterios de circularidad en mente son clave para aprovechar estas oportunidades.

Colaboración y Alianzas Estratégicas

La colaboración entre empresas, instituciones académicas y organizaciones gubernamentales puede generar innovación y crear valor de manera más efectiva. Las alianzas estratégicas pueden facilitar el acceso a recursos compartidos, conocimientos especializados y nuevos mercados, permitiendo a las empresas ampliar su alcance y fortalecer su posición competitiva. La colaboración puede tomar muchas formas, desde la investigación conjunta y el desarrollo de productos hasta la colaboración en la cadena de suministro y la expansión internacional.

Conclusión

La industria manufacturera enfrenta una serie de desafíos complejos en un entorno empresarial cada vez más dinámico y globalizado. Sin embargo, también está llena de oportunidades para la innovación, el crecimiento y la creación de valor a largo plazo. Al abordar los desafíos con determinación y aprovechar las oportunidades con visión de futuro, las empresas pueden fortalecer su posición competitiva y contribuir al progreso económico, social y ambiental en la industria manufacturera y más allá.

CONCLUSIONES Y REFLEXIONES SOBRE LA INGENIERÍA EN MANUFACTURA

La ingeniería en manufactura es un campo multidisciplinario que desempeña un papel crucial en la producción y fabricación de bienes en todas las industrias. A lo largo de este estudio, se ha explorado en profundidad la naturaleza, los desafíos y las oportunidades de la ingeniería en manufactura, con el objetivo de comprender mejor su impacto en la sociedad y la industria del siglo XXI. En este capítulo, se presentan las conclusiones y reflexiones obtenidas a partir de este análisis exhaustivo.

Recapitulación de los Objetivos de la Investigación

Desde el inicio de la investigación, se establecieron varios objetivos con el fin de orientar el estudio hacia un análisis integral de la ingeniería en manufactura. Entre estos objetivos se encontraban la identificación de tendencias emergentes en el campo, la evaluación de su impacto en la industria y la sociedad, y la exploración de posibles áreas de desarrollo futuro. A lo largo del estudio, se ha trabajado diligentemente para alcanzar estos objetivos y se han obtenido resultados significativos que serán discutidos en las siguientes secciones.

Síntesis de los Resultados

Durante el desarrollo de la investigación, se han obtenido una serie de resultados que arrojan luz sobre diversos aspectos de la ingeniería en manufactura. Entre los hallazgos más destacados se incluyen:

La creciente adopción de tecnologías avanzadas, como la fabricación aditiva y la inteligencia artificial, está transformando radicalmente los procesos de producción, permitiendo una mayor personalización, eficiencia y flexibilidad en la fabricación de bienes.

La globalización y la digitalización están redefiniendo las cadenas de suministro y la logística de manufactura, facilitando una mayor colaboración entre empresas y una distribución más eficiente de los recursos a nivel mundial.

La sostenibilidad se ha convertido en un tema central en la ingeniería en manufactura, con un enfoque creciente en la reducción de residuos, la eficiencia energética y el uso de materiales ecoamigables en los procesos de producción.

La industria moderna está impulsando la convergencia de tecnologías digitales, físicas y biológicas, dando lugar a fábricas inteligentes y sistemas de producción autónomos que pueden adaptarse y responder en tiempo real a las demandas del mercado.

Estos resultados subrayan la importancia y la relevancia continua de la ingeniería en manufactura en el mundo moderno, así como los desafíos y oportunidades que enfrenta en un entorno en constante cambio.

Reflexiones sobre la Evolución de la Ingeniería en Manufactura

La ingeniería en manufactura ha experimentado una evolución significativa a lo largo de la historia, desde sus primeros rudimentos hasta las complejas tecnologías y metodologías actuales. A medida que la demanda de bienes manufacturados ha crecido y se ha diversificado, la ingeniería en manufactura ha tenido que adaptarse y evolucionar para satisfacer las necesidades cambiantes de la sociedad y la industria. Desde la revolución industrial hasta la era de la información, la ingeniería en manufactura ha sido impulsada por avances tecnológicos, innovaciones en procesos y cambios en el mercado global. Hoy en día, nos encontramos en medio de una nueva revolución industrial, caracterizada por la convergencia de tecnologías digitales, físicas y biológicas, que está transformando radicalmente la forma en que producimos y consumimos bienes. Esta evolución continua presenta tanto desafíos como oportunidades para la ingeniería en manufactura, y es crucial que los profesionales en este campo estén preparados para enfrentar los cambios y aprovechar las nuevas posibilidades que surgen.

Impacto de la Ingeniería en Manufactura en la Industria

La ingeniería en manufactura desempeña un papel fundamental en la industria, ya que es responsable de la producción eficiente y rentable de bienes en una amplia variedad de sectores. Su impacto se extiende a lo largo de toda la cadena de valor, desde el diseño y desarrollo de productos hasta la fabricación y distribución. Algunos de los principales impactos de la ingeniería en manufactura en la industria incluyen:

Mejora de la eficiencia y productividad: La aplicación de técnicas y tecnologías avanzadas en la manufactura permite una mayor eficiencia en los procesos de producción, lo que se traduce en una mayor productividad y rentabilidad para las empresas.

Innovación y competitividad: La ingeniería en manufactura impulsa la innovación en productos y procesos, lo que permite a las empresas mantenerse competitivas en un mercado en constante cambio y satisfacer las demandas de los consumidores.

Creación de empleo y desarrollo económico: La industria manufacturera es un importante motor de crecimiento económico y desarrollo, ya que genera empleo, fomenta la inversión en infraestructura y estimula la innovación y la creatividad.

Reducción del impacto ambiental: A medida que la conciencia sobre la sostenibilidad aumenta, la ingeniería en manufactura juega un papel crucial en la reducción del impacto ambiental de la producción, mediante la implementación de prácticas y tecnologías ecoamigables.

Desafíos y Obstáculos en la Ingeniería en Manufactura

A pesar de los numerosos beneficios que ofrece, la ingeniería en manufactura también enfrenta una serie de desafíos y obstáculos que pueden obstaculizar su desarrollo y adopción. Algunos de los principales desafíos incluyen:

Resistencia al cambio: La implementación de nuevas tecnologías y metodologías en la manufactura puede encontrarse con resistencia por parte de los trabajadores y las empresas, que pueden temer la pérdida de empleo o la interrupción de los procesos existentes.

Complejidad tecnológica: Las tecnologías avanzadas utilizadas en la ingeniería en manufactura pueden ser complejas y costosas de implementar, lo que puede limitar su adopción por parte de empresas más pequeñas o con recursos limitados.

Escasez de talento: La industria manufacturera enfrenta una escasez de talento calificado, especialmente en áreas como la ingeniería, la programación y la gestión de proyectos, lo que puede dificultar la implementación de nuevas tecnologías y la mejora de los procesos.

Desafíos regulatorios: La industria manufacturera está sujeta a una amplia gama de regulaciones y normativas, que pueden variar según la ubicación geográfica y el sector, lo que puede dificultar la implementación de nuevas tecnologías y la adopción de prácticas más sostenibles.

Oportunidades y Perspectivas Futuras

A pesar de los desafíos que enfrenta, la ingeniería en manufactura también presenta numerosas oportunidades y perspectivas futuras emocionantes. Algunas de las áreas clave de desarrollo incluyen:

Fabricación aditiva: La fabricación aditiva, también conocida como impresión 3D, está emergiendo como una tecnología revolucionaria que tiene el potencial de transformar radicalmente la forma en que se producen y diseñan bienes.

Internet de las cosas (IoT): El Internet de las cosas está permitiendo la creación de fábricas inteligentes y sistemas de producción autónomos que pueden monitorear y controlar los procesos de fabricación en tiempo real, optimizando la eficiencia y reduciendo los costos.

Inteligencia artificial (IA): La inteligencia artificial está siendo utilizada en la manufactura para mejorar la automatización, la planificación de la producción y el mantenimiento predictivo, lo que permite una mayor eficiencia y fiabilidad en los procesos.

Sostenibilidad: La creciente conciencia sobre la sostenibilidad está impulsando la demanda de prácticas de manufactura más ecoamigables, lo que está creando nuevas oportunidades para la innovación en materiales, procesos y tecnologías.

Estas son solo algunas de las áreas de oportunidad que están surgiendo en la ingeniería en manufactura, y es probable que muchas más emerjan a medida que la tecnología continúe avanzando y la sociedad evolucione.

Consideraciones Éticas y Sociales

A medida que la ingeniería en manufactura continúa avanzando, es importante tener en cuenta las consideraciones éticas y sociales asociadas con su desarrollo y aplicación. Algunos de los aspectos a tener en cuenta incluyen:

Impacto en el empleo: La automatización y la robotización en la manufactura pueden tener un impacto significativo en el empleo, lo que plantea preguntas sobre la equidad laboral y la distribución de la riqueza en la sociedad.

Privacidad y seguridad de datos: La creciente interconexión de sistemas en la manufactura puede plantear desafíos en cuanto a la privacidad y seguridad de los datos, lo que requiere un enfoque cuidadoso para proteger la información sensible.

Equidad y accesibilidad: Es importante garantizar que los beneficios de la ingeniería en manufactura sean accesibles para todos, independientemente de su origen socioeconómico o geográfico, y que no se perpetúen desigualdades existentes en la sociedad.

Estas consideraciones éticas y sociales son fundamentales para garantizar que la ingeniería en manufactura se desarrolle de una manera ética y responsable que beneficie a toda la sociedad.

Recomendaciones para Futuras Investigaciones

Dada la naturaleza dinámica y multifacética de la ingeniería en manufactura, hay muchas áreas de investigación que merecen una mayor exploración y estudio. Algunas recomendaciones para futuras investigaciones incluyen:

Investigación sobre tecnologías emergentes: Se necesita más investigación sobre tecnologías emergentes como la fabricación aditiva, la inteligencia artificial y el Internet de las cosas para comprender mejor sus aplicaciones potenciales en la manufactura y los desafíos asociados con su implementación.

Estudios sobre sostenibilidad: Se necesita más investigación sobre prácticas y tecnologías de manufactura sostenible para desarrollar soluciones efectivas para abordar los desafíos ambientales y sociales asociados con la producción de bienes.

Investigación sobre el impacto social y económico: Se necesita más investigación sobre el impacto social y económico de la ingeniería en manufactura, incluyendo su efecto en el empleo, la distribución de la riqueza y la equidad en la sociedad.

Estas son solo algunas de las áreas de investigación que podrían beneficiar a la ingeniería en manufactura en el futuro, y se espera que surjan muchas más a medida que el campo continúe evolucionando.

Conclusión

En conclusión, la ingeniería en manufactura desempeña un papel crucial en la producción y fabricación de bienes en la sociedad moderna. A lo largo de este estudio, se han explorado diversos aspectos de este campo, desde su evolución histórica hasta sus impactos actuales y futuros en la industria y la sociedad. Si bien enfrenta una serie de desafíos y obstáculos, también presenta numerosas oportunidades emocionantes para la innovación y el desarrollo futuro. Es crucial que los profesionales en este campo estén preparados para enfrentar los desafíos y aprovechar las oportunidades que surgen, con un enfoque en la ética, la sostenibilidad y el impacto social positivo.

En última instancia, la ingeniería en manufactura continuará desempeñando un papel vital en la economía global y en la vida cotidiana de las personas en todo el mundo. Es fundamental que los profesionales en este campo sigan colaborando, innovando y adaptándose a medida que avanzamos hacia un futuro cada vez más tecnológico y conectado.

ACERCA DEL AUTOR

Ingeniero Industrial y de Sistemas

Maestría en Administración con Calidad y Productividad

3 Certificaciones

2 Estudios Técnicos

Más de 20 cursos de capacitación

Ganador del Singapore Cooperation Programme (ITE)

Instructor, ingeniero, creador de contenido y escritor.
Descubre la industria moderna de la mano del ingeniero más polémico.
Taller del inge

I. Laisequilla

Author / Engineer

La biblia de la Ingeniería Industrial

Desde la gestión de la producción hasta la optimización de procesos, pasando por la ingeniería de métodos y tiempos, este libro cubre los aspectos más importantes de la ingeniería industrial.

Formatos disponibles: físico, ebook y audiolibro

todo sobre Cadena de Suministro

Un recurso esencial para comprender y optimizar la cadena de suministro, abordando desde sus fundamentos hasta tecnologías emergentes como blockchain, inteligencia artificial e IoT, que transforman la industria.

Formatos disponibles: físico, ebook y audiolibro

todo sobre Lean Six Sigma

Una guía completa y práctica para aquellos que deseen implementar esta metodología en su organización. Con enfoque detallado en los principios y fundamentos teóricos.

Formatos disponibles: físico, ebook y audiolibro

ENCUENTRA TAMBIÉN

todo sobre Calidad Industrial

FMEA, SPC, MSA, APQP, FMECA, Kaizen, Lean, ISO 9001, ISO 14001, ISO 45001, entre otras. Explicados de manera accesible y fácil de entender.

Formatos disponibles: físico, ebook y audiolibro

todo sobre Métodos Industriales

Lean Manufacturing, Six Sigma, Kaizen, TQM, Business Process Management. Desde los métodos clásicos hasta los más modernos y emergentes.

Formatos disponibles: físico, ebook y audiolibro